U0258870

"十三五"国家重点出版物
出版规划项目

国家出版基金项目
NATIONAL PUBLICATION FOUNDATION

中国植物
大化石记录
1865—2005

Ⅵ

Record of Mesozoic Megafossil Angiosperms from China

中国中生代被子植物大化石记录

吴向午 王 冠/编著

科学技术部科技基础性工作专项
(2013FY113000)资助

中国科学技术大学出版社

内 容 简 介

本书是"中国植物大化石记录(1865－2005)"丛书的第Ⅵ分册，由内容基本相同的中、英文两部分组成，共记录1865－2005年间正式发表的中国中生代被子植物大化石属名140个（含依据中国标本建立的属名39个）、种名286个（含依据中国标本建立的种名90个）。书中对每一个属的创建者、创建年代、异名表、模式种、分类位置以及种的创建者、创建年代和模式标本等原始资料做了详细编录；对归于每个种名下的中国标本的发表年代、作者（或鉴定者），文献页码、图版、插图、器官名称，产地、时代、层位等数据做了收录；对依据中国标本建立的属、种名，种名的模式标本及标本的存放单位等信息也做了详细汇编。各部分附有属、种名索引，存放模式标本的单位名称及丛书属名索引（Ⅰ－Ⅵ分册），书末附有参考文献。

本书在广泛查阅国内外古植物学文献和系统采集数据的基础上编写而成，是一份资料收集较齐全、查阅较方便的文献，可供国内外古植物学、生命科学和地球科学的科研、教育及数据库等有关人员参阅。

图书在版编目(CIP)数据

中国中生代被子植物大化石记录/吴向午，王冠编著. —合肥：中国科学技术大学出版社，2018.12

(中国植物大化石记录：1865－2005)

国家出版基金项目

"十三五"国家重点出版物出版规划项目

ISBN 978-7-312-04622-3

Ⅰ. 中… Ⅱ. ① 吴… ② 王… Ⅲ. 中生代－被子植物－植物化石－中国 Ⅳ. Q914.2

中国版本图书馆 CIP 数据核字(2018)第 292782 号

出版	中国科学技术大学出版社	开本	787 mm×1092 mm 1/16
	安徽省合肥市金寨路96号	印张	16
	http://press.ustc.edu.cn	插页	1
	https://zgkxjsdxcbs.tmall.com	字数	514 千
印刷	合肥华苑印刷包装有限公司	版次	2018 年 12 月第 1 版
发行	中国科学技术大学出版社	印次	2018 年 12 月第 1 次印刷
经销	全国新华书店	定价	156.00 元

总序

古生物学作为一门研究地质时期生物化石的学科,历来十分重视和依赖化石的记录,古植物学作为古生物学的一个分支,亦是如此。对古植物化石名称的收录和编纂,早在 19 世纪就已经开始了。在 K. M. von Sternberg 于 1820 年开始在古植物研究中采用林奈双名法不久后,F. Unger 就注意收集和整理植物化石的分类单元名称,并于 1845 年和 1850 年分别出版了 *Synopsis Plantarum Fossilium* 和 *Genera et Species Plantarium Fossilium* 两部著作,对古植物学科的发展起了历史性的作用。在这以后,多国古植物学家和相关的机构相继编著了古植物化石记录的相关著作,其中影响较大的先后有:由大英博物馆主持,A. C. Seward 等著名学者在 19 世纪末 20 世纪初编著的该馆地质分部收藏的标本目录;荷兰 W. J. Jongmans 和他的后继者 S. J. Dijkstra 等用多年时间编著的 *Fossilium Catalogus Ⅱ：Plantae*;英国 W. B. Harland 等和 M. J. Benton 先后主编的 *The Fossil Record* (*Volume 1*)和 *The Fossil Record* (*Volume 2*);美国地质调查所出版的由 H. N. Andrews Jr. 及其继任者 A. D. Watt 和 A. M. Blazer 等编著的 *Index of Generic Names of Fossil Plants*,以及后来由隶属于国际生物科学联合会的国际植物分类学会和美国史密森研究院以这一索引作为基础建立的"Index Nominum Genericorum (ING)"电子版数据库等。这些记录尽管详略不一,但各有特色,都早已成为各国古植物学工作者的共同资源,是他们进行科学研究十分有用的工具。至于地区性、断代的化石记录和单位库存标本的编目等更是不胜枚举:早年 F. H. Knowlton 和 L. F. Ward 以及后来的 R. S. La Motte 等对北美白垩纪和第三纪植物化石的记录,S. Ash 编写的美国西部晚三叠世植物化石名录,荷兰 M. Boersma 和 L. M. Broekmeyer 所编的石炭纪、二叠纪和侏罗纪大化石索引,R. N. Lakhanpal 等编写的印度植物化石目录,S. V. Meyen 的植物化石编录以及 V. A. Vachrameev 的有关苏联中生代孢子植物和裸子植物的索引等。这些资料也都对古植物学成果的交流和学科的发展起到了积极的作用。从上述目录和索引不难看出,编著者分布在一些古植物学比较发达、有关研究论著和专业人员众多的国家或地区。显然，目录和索引的编纂，是学科发展到一定阶段的需要和必然的产物，因而代表了这些国家或地区古植物学研究的学术水平和学科发展的程度。

虽然我国地域广大，植物化石资源十分丰富，但古植物学的发展较晚，直到20世纪50年代以后，才逐渐有较多的人员从事研究和出版论著。随着改革开放的深化，国家对科学日益重视，从20世纪80年代开始，我国古植物学各个方面都发展到了一个新的阶段。研究水平不断提高，研究成果日益增多，不仅迎合了国内有关科研、教学和生产部门的需求，也越来越多地得到了国际同行的重视和引用。一些具有我国特色的研究材料和成果已成为国际同行开展相关研究的重要参考资料。在这样的背景下，我国也开始了植物化石记录的收集和整理工作，同时和国际古植物学协会开展的"Plant Fossil Record (PFR)"项目相互配合，编撰有关著作并筹建了自己的数据库。吴向午研究员在这方面是我国起步最早、做得最多的。早在1993年，他就发表了文章《中国中、新生代大植物化石新属索引(1865－1990)》，出版了专著《中国中生代大植物化石属名记录(1865－1990)》。2006年，他又整理发表了1990年以后的属名记录。刘裕生等(1996)则编制了《中国新生代植物大化石目录》。这些都对学科的交流起到了有益的作用。

由于古植物学内容丰富、资料繁多，要对其进行全面、综合和详细的记录，显然是不可能在短时间内完成的。经过多年的艰苦奋斗，现终能根据资料收集的情况，将中国植物化石记录按照银杏植物、真蕨植物、苏铁植物、松柏植物、被子植物等门类，结合地质时代分别编纂出版。与此同时，还要将收集和编录的资料数据化，不断地充实已经初步建立起来的"中国古生物和地层学专业数据库"和"地球生物多样性数据库(GBDB)"。

"中国植物大化石记录(1865－2005)"丛书的编纂和出版是我国古植物学科发展的一件大事，无疑将为学科的进一步发展提供良好的基础信息，同时也有利于国际交流和信息的综合利用。作为一个长期从事古植物学研究的工作者，我热切期盼该丛书的出版。

前言

在我国，对植物化石的研究有着悠久的历史。最早的文献记载，可追溯到北宋学者沈括(1031－1095)编著的《梦溪笔谈》。在该书第21卷中，详细记述了陕西延州永宁关(今陕西省延安市延川县延水关)的"竹笋"化石[据邓龙华(1976)考辨，可能为似木贼或新芦木髓模]。此文也对古地理、古气候等问题做了阐述。

和现代植物一样，对植物化石的认识、命名和研究离不开双名法。双名法系瑞典探险家和植物学家 Carl von Linné 于 1753 年在其巨著《植物种志》(*Species Plantarum*)中创立的用于现代植物的命名法。捷克矿物学家和古植物学家 K. M. von Sternberg 在 1820 年开始发表其系列著作《史前植物群》(*Flora der Vorwelt*)时率先把双名法用于化石植物，确定了化石植物名称合格发表的起始点(McNeill 等,2006)。因此收录于本丛书的现生属、种名以 1753 年后(包括 1753 年)创立的为准，化石属、种名则采用 1820 年后(包括 1820 年)创立的名称。用双名法命名中国的植物化石是从美国史密森研究院(Smithsonian Institute)的 J. S. Newberry [1865(1867)]撰写的《中国含煤地层化石的描述》(*Description of Fossil Plants from the Chinese Coal-bearing Rocks*)一文开始的，本丛书对数据的采集时限也以这篇文章的发表时间作为起始点。

我国幅员辽阔，各地质时代地层发育齐全，蕴藏着丰富的植物化石资源。新中国成立后，特别是改革开放以来，随着国家建设的需要，尤其是地质勘探、找矿事业以及相关科学研究工作的不断深入，我国古植物学的研究发展到了一个新的阶段，积累了大量的古植物学资料。据不完全统计，1865(1867)—2000 年间正式发表的中国古植物大化石文献有 2000 多篇[周志炎、吴向午(主编),2002];1865(1867)—1990 年间发表的用于中国中生代植物大化石的属名有 525 个(吴向午,1993a);至 1993 年止，用于中国新生代植物大化石的属名有 281 个(刘裕生等,1996);至 2000 年，根据中国中、新生代植物大化石建立的属名有 154 个(吴向午,1993b,2006)。但这些化石资料零散地刊载于浩瀚的国内外文献之中，使古植物学工作者的查找、统计和引用极为不便，而且有许多文献仅以中文或其他文字发表，不利于国内外同行的引用与交流。

为了便于检索、引用和增进学术交流，编者从 20 世纪 80 年代开始,在广泛查阅文献和系统采集数据的基础上,把这些分散的资料做了系统编录,并进行了系列出版。如先后出版了《中国中生代大植物化石属名记录(1865－1990)》(吴向午,1993a)、《中国中、新生代大植物化石新属索引(1865－1990)》(吴向午,1993b)和《中国中、新生代大植物化石新属记录(1991－2000)》(吴向午,2006)。这些著作仅涉及属名记录,未收录种名信息,因此编写一部包括属、种名记录的中国植物大化石记录显得非常必要。本丛书主要编录1865－2005年间正式发表的中国中生代植物大化石信息。由于篇幅较大,我们按苔藓植物、石松植物、有节植物、真蕨植物、苏铁植物、银杏植物、松柏植物、被子植物等门类分别编写和出版。

本丛书以种和属为编写的基本单位。科、目等不立专门的记录条目,仅在属的"分类位置"栏中注明。为了便于读者全面地了解植物大化石的有关资料,对模式种(模式标本)并非产自中国的属(种),我们也尽可能做了收录。

属的记录:按拉丁文属名的词序排列。记述内容包括属(属名)的创建者、创建年代、异名表、模式种[现生属不要求,但在"模式种"栏以"(现生属)"形式注明]及分类位置等。

种的记录:在每一个属中首先列出模式种,然后按种名的拉丁文词序排列。记录种(种名)的创建者、创建年代等信息。某些附有"aff." "Cf." "cf." "ex gr." "?"等符号的种名,作为一个独立的分类单元记述,排列在没有此种符号的种名之后。每个属内的未定种(sp.)排列在该属的最后。如果一个属内包含两个或两个以上未定种,则将这些未定种罗列在该属的未定多种(spp.)的名称之下,以发表年代先后为序排列。

种内的每一条记录(或每一块中国标本的记录)均以正式发表的为准;仅有名单,既未描述又未提供图像的,一般不做记录。所记录的内容包括发表年代、作者(或鉴定者)的姓名,文献页码、图版、插图、器官名称,产地、时代、层位等。已发表的同一种内的多个记录(或标本),以文献发表年代先后为序排列;年代相同的则按作者的姓名拼音升序排列。如果同一作者同一年内发表了两篇或两篇以上文献,则在年代后加"a" "b"等以示区别。

在属名或种名前标有"△"者,表示此属名或种名是根据中国标本建立的分类单元。凡涉及模式标本信息的记录,均根据原文做了尽可能详细的记述。

为了全面客观地反映我国古植物学研究的基本面貌,本丛书一律按原始文献收录所有属、种和标本的数据,一般不做删舍,不做修改,也不做评论,但尽可能全面地引证和记录后来发表的不同见解和修订意见,尤其对于那些存在较大问题的,包括某些不合格发表的属、种名等做了注释。

《国际植物命名法规》(《维也纳法规》)第36.3条规定:自1996年1月1日起,植物(包括孢粉型)化石名称的合格发表,要求提供拉丁文或英文的特征集要和描述。如果仅用中文发表,属不合格发表[McNeill等,2006;周志炎,2007;周志炎、梅盛吴(编译),1996;《古植物学简讯》第38期]。为便于读者查证,本记录在收录根据中国标本建立的分类单元时,从1996年起注明原文的发表语种。

为了增进和扩大学术交流,促使国际学术界更好地了解我国古植物学研究现状,所有属、种的记录均分为内容基本相同的中文和英文两个部分。参考文献用英文(或其他西文)列出,其中原文未提供英文(或其他西文)题目的,参考周志炎、吴向午(2002)主编的《中国古植物学(大化石)文献目录(1865-2000)》的翻译格式。各部分附有4个附录:属名索引、种名索引、存放模式标本的单位名称以及丛书属名索引(I—VI分册)。

"中国植物大化石记录(1865-2005)"丛书的出版,不仅是古植物学科积累和发展的需要,而且将为进一步了解中国不同类群植物化石在地史时期的多样性演化与辐射以及相关研究提供参考,同时对促进国内外学者在古植物学方面的学术交流也会有诸多益处。

本书是"中国植物大化石记录(1865—2005)"丛书的第VI分册,记录1865—2005年间正式发表的中国中生代被子植物大化石属名140个(含依据中国标本建立的属名39个)、种名286个(含依据中国标本建立的种名90个)。分散保存的化石花粉不属于当前记录的范畴,故未做收录。本记录在文献收录和数据采集中存在不足、错误和遗漏,请读者多提宝贵意见。

本项工作得到了国家科学技术部科技基础性工作专项(2013FY113000)及国家基础研究发展计划项目(2012CB822003,2006CB700401)、国家自然科学基金项目(No. 41272010)、现代古生物学和地层学国家重点实验室项目(No. 103115)、中国科学院知识创新工程重要方向性项目(ZKZCX2-YW-154)及信息化建设专项(INF105-SDB-1-42),以及中国科学院科技创新交叉团队项目等的联合资助。

本书在编写过程中得到了中国科学院南京地质古生物研究所古植物学与孢粉学研究室主任王军等有关专家和同行的关心与支持,尤其是周志炎院士给予了多方面帮助和鼓励并撰写了总序;南京地质古生物研究所图书馆张小萍和冯曼等协助借阅图书和网上下载文献。此外,本书的顺利编写和出版与杨群所长以及现代古生物学和地层学国家重点实验室戎嘉余院士、沈树忠院士、袁训来主任的关心和帮助是分不开的。编者在此一并致以衷心的感谢。

编　者

目　录

系 统 记 录

△似槭树属 Genus *Acerites* **Pan,1983**（裸名）

1983　潘广,1520 页。（中文）

1984　潘广,959 页。（英文）

1993a　吴向午,163,248 页。

1993b　吴向午,508,509 页。

模式种:（没有种名）

分类位置:"原始被子植物类群"（"primitive angiosperms"）

似槭树（**sp. indet.**）*Acerites* **sp. indet.**

（注:原文仅有属名,没有种名）

1983　*Acerites* sp. indet.,潘广,1520 页;华北燕辽地区东段(45°58′N,120°21′E);中侏罗世海房沟组。（中文）

1984　*Acerites* sp. indet.,潘广,959 页;华北燕辽地区东段(45°58′N,120°21′E);中侏罗世海房沟组。（英文）

△似乌头属 Genus *Aconititis* **Pan,1983**（裸名）

1983　潘广,1520 页。（中文）

1984　潘广,959 页。（英文）

1993a　吴向午,163,248 页。

1993b　吴向午,508,509 页。

模式种:（没有种名）

分类位置:"原始被子植物类群"（"primitive angiosperms"）

似乌头（**sp. indet.**）*Aconititis* **sp. indet.**

（注:原文仅有属名,没有种名）

1983　*Aconititis* sp. indet.,潘广,1520 页;华北燕辽地区东段(45°58′N,120°21′E);中侏罗世海房沟组。（中文）

1984　*Aconititis* sp. indet.,潘广,959 页;华北燕辽地区东段(45°58′N,120°21′E);中侏罗世海房沟组。（英文）

八角枫属 Genus *Alangium* Lamarck,1783

1980　张志诚,334 页。

1993a 吴向午,51 页。

模式种:(现代属)

分类位置:双子叶植物纲八角枫科(Alangiaceae,Dicotyledoneae)

△费家街八角枫 *Alangium feijiajieense* Chang,1980

1980　张志诚,334 页,图版 208,图 1,12;叶;标本号:D625,D626;黑龙江尚志费家街;晚白垩世孙吴组。(注:原文未指定模式标本)

1993a 吴向午,51 页。

八角枫?（未定种）*Alangium*? sp.

1984　*Alangium*? sp.,王喜富,301 页,图版 176,图 9;叶;河北万全洗马林;晚白垩世土井子组。

似桤属 Genus *Alnites* Hisinger,1837（non Deane,1902）

1837　Hisinger,112 页。

1993a 吴向午,52 页。

模式种:*Alnites friesii*（Nillson）Hisinger,1837

分类位置:双子叶植物纲桦木科(Betulaceae,Dicotyledoneae)

弗利斯似桤 *Alnites friesii*（Nillson）Hisinger,1837

1837　Hisinger,112 页,图版 34,图 8。

1993a 吴向午,52 页。

似桤属 Genus *Alnites* Deane,1902（non Hisinger,1837）

（注:此属名为 *Alnites* Hisinger,1837 的晚出同名）

1902　Deane,63 页。

1986a,b　陶君容、熊宪政,126 页。

1993a 吴向午,52 页。

模式种:*Alnites latifolia* Deane,1902

分类位置:双子叶植物纲桦木科(Betulaceae,Dicotyledoneae)

宽叶似桤 *Alnites latifolia* Deane,1902

1902　Deane,63 页,图版 15,图 4;叶;澳大利亚文南威尔士;第三纪。

1993a 吴向午,52 页。

杰氏似桤 *Alnites jelisejevii* (Kryshtofovich) Ablajiv,1974

1974　Ablajiv,113 页,图版 19,图 2－4;叶;苏联东锡霍特-阿林山脉;晚白垩世。

1986a,b　陶君容、熊宪政,126 页,图版 10,图 3;叶;黑龙江嘉荫;晚白垩世乌云组。

1993a　吴向午,52 页。

桤属 Genus *Alnus* Linné

1986a,b　陶君容、熊宪政,126 页。

1993a　吴向午,52 页。

模式种:(现代属)

分类位置:双子叶植物纲桦木科(Betulaceae,Dicotyledoneae)

△原始髯毛桤 *Alnus protobarbata* Tao,1986

1986a,b　陶君容,见陶君容、熊宪政,126 页,图版 10,图 4;叶;标本号:52523;黑龙江嘉荫;晚白垩世乌云组。

1993a　吴向午,52 页。

棕榈叶属 Genus *Amesoneuron* Goeppert,1852

1852　Goeppert,264 页。

1990　周志炎等,419,425 页。

1993a　吴向午,53 页。

模式种:*Amesoneuron noeggerathiae* Goeppert,1852

分类位置:单子叶植物纲棕榈科(Plamae,Monocotyledoneae)

瓢叶棕榈叶 *Amesoneuron noeggerathiae* Goeppert,1852

1852　Goeppert,264 页,图版 33,图 3a;叶;德国;早第三纪。

1990　周志炎等,419,425 页。

1993a　吴向午,53 页。

棕榈叶(未定种) *Amesoneuron* sp.

1990　*Amesoneuron* sp.,周志炎等,419,425 页,图版 1,图 4;图版 2,图 1－1b;图版 3,图 3,4;叶;香港平洲岛;早白垩世晚期阿尔布期。

1993a　*Amesoneuron* sp.,吴向午,53 页。

1995a　*Amesoneuron* sp.,李星学(主编),图版 115,图 4;叶;香港平洲岛;早白垩世晚期阿尔布期。(中文)

1995b　*Amesoneuron* sp.,李星学(主编),图版 115,图 4;叶;香港平洲岛;早白垩世晚期阿尔布期。(英文)

蛇葡萄属 Genus *Ampelopsis* Michaux, 1803

1986a,b　陶君容、熊宪政,128 页。

1993a　吴向午,53 页。

模式种:(现代属)

分类位置:双子叶植物纲葡萄科(Vitaceae,Dicotyledoneae)

槭叶蛇葡萄 *Ampelopsis acerifolia*（Newberry）Brown, 1962

1868　*Populus acerifolia* Newberry,65 页;北美达科他联合堡(Fort Union Dacotah);第三纪。

1898　*Populus acerifolia* Newberry,37 页,图版 28,图 5—8;叶;美国蒙大拿州黄石河岸 (Banks of Yellowstone River,Montana);第三纪始新世(?)。

1962　Brown,78 页,图版 51,图 1—18;图版 52,图 1—8,10;图版 59,图 6,11;图版 66,图 7; 叶;美国落基山脉和大平原(Rocky Mountains and the Great Plains);古新世。

1986a,b　陶君容、熊宪政,128 页,图版 14,图 1—5;图版 16,图 2;叶;黑龙江嘉荫;晚白垩世 乌云组。

1993a　吴向午,53 页。

楤木属 Genus *Aralia* Linné, 1753

1975　郭双兴,420 页。

1993a　吴向午,56 页。

模式种:(现代属)

分类位置:双子叶植物纲五加科(Araliaceae,Dicotyledoneae)

△坚强楤木 *Aralia firma* Guo, 1975

1975　郭双兴,420 页,图版 3,图 10;叶;采集号:F401;登记号:PB5016;正模:PB5016(图版 3, 图 10);标本保存在中国科学院南京地质古生物研究所;西藏昂仁加拉共巴东;晚白垩 世日喀则群。

1993a　吴向午,56 页。

1995a　李星学(主编),图版 119,图 6;叶;西藏昂仁加拉共巴东;晚白垩世日喀则群。(中文)

1995b　李星学(主编),图版 119,图 6;叶;西藏昂仁加拉共巴东;晚白垩世日喀则群。(英文)

△牡丹江悬楤木 *Aralia mudanjiangensis* Zhang, 1981

1981　张志诚,157 页,图版 2,图 4;叶;标本号:MPH10071;正模:MPH10071(图版 2,图 4); 标本保存在沈阳地质矿产研究所;黑龙江牡丹江;早白垩世猴石沟组。

楤木叶属 Genus *Araliaephyllum* Fontaine, 1889

1889　Fontaine,317 页。

2000　孙革等,图版4,图1。

模式种:*Araliaephyllum obtusilobum* Fontaine,1889

分类位置:双子叶植物纲五加科(Araliaceae,Dicotyledoneae)

钝裂片楤木叶 *Araliaephyllum obtusilobum* **Fontaine,1889**

1889　Fontaine,317 页,图版163,图1,4,图版164,图3;叶;美国弗吉尼亚;早白垩世波托马克群。

1995a 李星学(主编),图版143,图4;叶;吉林龙井智新大拉子;早白垩世大拉子组。(中文)

1995b 李星学(主编),图版143,图4;叶;吉林龙井智新大拉子;早白垩世大拉子组。(英文)

2000　孙革等,图版4,图1;叶;吉林龙井智新大拉子;早白垩世大拉子组。

2005　张光富,图版1,图2;叶;吉林;早白垩世大拉子组。

△古果属 Genus *Archaefructus* **Sun,Dilcher,Zheng et Zhou,1998**(英文发表)

1998　孙革、Dilcher D L、郑少林、周浙昆,1692 页。

1999　吴舜卿,22 页。

2000　叶创兴等,369 页。

2001　孙革等,22 页。

2003　Friis 等,369 页。

模式种:*Archaefructus liaoningensis* Sun,Dilcher,Zheng et Zhou,1998

分类位置:双子叶植物纲(Dicotyledoneae)

△辽宁古果 *Archaefructus liaoningensis* **Sun,Dilcher,Zheng et Zhou,1998** (英文发表)

1998　孙革、Dilcher D L、郑少林、周浙昆,1692 页,图2A－2C;被子植物果枝和角质层;标本号:SZ0916;正模:SZ0916(图2A);辽宁西部北票;晚侏罗世义县组下部。(注:原文未注明模式标本的保存单位及地点)

1999　吴舜卿,22 页,图版15,图5A－5C;被子植物果枝;辽宁西部北票上园黄半吉沟;晚侏罗世义县组下部尖山沟层。

2000　叶创兴等,369 页,图8,128A－128C;辽宁西部北票上园黄半吉沟;晚侏罗世义县组下部尖山沟层。

2000　孙革等,图版1,图1－7;图版2,图1－5;被子植物果枝和种子角质层;辽宁西部北票黄半吉沟;晚侏罗世义县组下部。

2001　孙革等,22,150 页,图版1,图1－4;图版2,3;图版4,图3,4－6(?);图版27,28;图版29,图1－4,5(?),6;图版30,31;图版32,图1－3;插图0.3,4.2－4.4,4.5(?);被子植物果枝和种子角质层;辽宁西部北票和凌源;晚侏罗世尖山沟组。

2001　张弥曼(主编),图164;被子植物果枝;辽宁西部北票;晚侏罗世尖山沟层。

2002　孙革、季强、Dilcher D L 等,图2E,2G,2J,2L;被子植物果枝和种子角质层;辽宁西部北票和凌源;晚侏罗世尖山沟层。

2002　孙革、郑少林、孙春林等,图版1,图1－8;被子植物果枝和种子角质层;辽西北票;晚侏罗世义县组下部。

2003　Friis 等,369 页,图1;被子植物果枝;中国东北;早白垩世义县组。

2003　张弥曼(主编),图 252;被子植物果枝;辽宁西部北票上园黄半吉沟;晚侏罗世义县组下部尖山沟层。(英文)

2005　Terada K 等,39 页,图 1A－1C,4A,5A－5F;被子植物果枝;辽西北票;晚侏罗世义县组下部。

△中国古果 *Archaefructus sinensis* Sun, Dilcher, Ji et Nixon, 2002(英文发表)

2002　孙革、Dilcher D L、季强、Nixon K C,见孙革、季强、Dilcher D L 等,903 页,图 2A－2D,2H,2I,3;被子植物果枝;标本号:J-0721,NMD-001,NMD-002;正模:J-0721(图 2A－2D);标本保存在中国科学院地质研究所;辽宁凌源范杖子;晚侏罗世义县组。(英文)

2003　Friis 等,369 页,图 2;被子植物果枝;中国东北;早白垩世义县组。

2003　张弥曼(主编),图 251[＝张弥曼(主编),2001,图 167,168];雌性生殖器官;辽宁凌源范杖子;晚侏罗世义县组。(英文)

2005　Terada K 等,39 页,图 1A－1C,4B,6A－6C;被子植物果枝;辽西凌源;晚侏罗世义县组下部。

古果(未定种) *Archaefructus* sp.

2001　*Archaefructus* sp.,孙革等,24 页,图版 1,图 5;图版 32,图 4－7;插图 4.6;果枝;辽宁西部北票和凌源;晚侏罗世尖山沟组。

△始木兰属 Genuse *Archimagnolia* Tao et Zhang, 1992

1992　陶君容、张川波,423,424 页。

1993a　吴向午,161,245 页。

模式种:*Archimagnolia rostrato-stylosa* Tao et Zhang,1992

分类位置:双子叶植物纲(Dicotyledoneae)

△喙柱始木兰 *Archimagnolia rostrato-stylosa* Tao et Zhang, 1992

1992　陶君容、张川波,423,424 页,图版 1,图 1－6;着生雌蕊的花托;标本号:053882;正模:053882(图版 1,图 1－6);标本保存在中国科学院植物研究所;吉林延吉;早白垩世大拉子组。

1993a　吴向午,161,245 页。

2000　孙革等,图版 4,图 7;叶;吉林龙井智新大拉子;早白垩世大拉子组。

阿措勒叶属 Genus *Arthollia* Golovneva et Herman, 1988

1988　Golovneva,Herman,见 Herman,Golovneva,1456 页。

2000　郭双兴,236 页。

模式种:*Arthollia pacifica* Golovneva et Herman,1988

分类位置:双子叶植物纲(Dicotyledoneae)

太平洋阿措勒叶 *Arthollia pacifica* Golovneva et Herman, 1988

1988　Golovneva,Herman,见 Herman,Golovneva,1456 页,苏联东北部;晚白垩世。

2000　郭双兴,236 页。

△中国阿措勒叶 *Arthollia sinenis* **Guo,2000**(英文发表)

2000　郭双兴,236 页,图版 3,图 4,7,10;图版 4,图 10,17;图版 5,图 3;图版 7,图 4,8,10,12;
　　　图版 8,图 13;叶;登记号:PB18654－PB18663;正模:PB18659(图版 5,图 3),PB18660
　　　(图版 7,图 4);标本保存在中国科学院南京地质古生物研究所;吉林珲春;晚白垩世珲
　　　春组。(注:指定的正模是两块标本)

△亚洲叶属 **Genus** *Asiatifolium* **Sun,Guo et Zheng,1992**

1992　孙革、郭双兴、郑少林,见孙革等,546 页。(中文)
1993　孙革、郭双兴、郑少林,见孙革等,253 页。(英文)
1993a　吴向午,161,245 页。
模式种:*Asiatifolium elegans* Sun,Guo et Zheng,1992
分类位置:双子叶植物纲(Dicotyledoneae)

△雅致亚洲叶 *Asiatifolium elegans* **Sun,Guo et Zheng,1992**

1992　孙革、郭双兴、郑少林,见孙革等,546 页,图版 1,图 1－3;叶;登记号:PB16766,
　　　PB16767;正模:PB16766(图版 1,图 1);标本保存在中国科学院南京地质古生物研究
　　　所;黑龙江鸡西城子河;早白垩世城子河组上部。(中文)
1993　孙革、郭双兴、郑少林,见孙革等,253 页,图版 1,图 1－3;叶;登记号:PB16766,
　　　PB16767;正模:PB16766(图版 1,图 1);标本保存在中国科学院南京地质古生物研究
　　　所;黑龙江鸡西城子河;早白垩世城子河组上部。(英文)
1993a　吴向午,161,245 页。
1995a　李星学(主编),图版 141,图 1－3;插图 9-2.1,9-2.2;叶;黑龙江鸡西城子河;早白垩世
　　　城子河组。(中文)
1995b　李星学(主编),图版 141,图 1－3;插图 9-2.1,9-2.2;叶;黑龙江鸡西城子河;早白垩世
　　　城子河组。(英文)
1996　孙革、Dilcher D L,图版 1,图 1－9;插图 1A,1B;叶;黑龙江鸡西城子河;早白垩世城子
　　　河组。
2000　孙革等,图版 3,图 1－4;叶;黑龙江鸡西城子河;早白垩世城子河组上部。
2002　孙革、Dilcher D L,97 页,图版 1,图 1－11;图版 3,图 8－10;插图 4A－4C;叶;黑龙江
　　　鸡西城子河;早白垩世城子河组。

盾形叶属 **Genus** *Aspidiophyllum* **Lesquereus,1876**

1876　Lesquereus,361 页。
1981　张志诚,157 页。
1993a　吴向午,57 页。
模式种:*Aspidiophyllum trilobatum* Lesquereus,1876

分类位置：双子叶植物纲（Dicotyledoneae）

三裂盾形叶 *Aspidiophyllum trilobatum* **Lesquereus, 1876**

1876　Lesquereus, 361 页, 图版 2, 图 1, 2; 叶; 美国堪萨斯哈克堡南部; 白垩纪。

1993a　吴向午, 57 页。

盾形叶（未定种）*Aspidiophyllum* sp.

1981　*Aspidiophyllum* sp., 张志诚, 157 页, 图版 1, 图 3; 叶; 黑龙江牡丹江; 早白垩世猴石沟组。

1993a　*Aspidiophyllum* sp., 吴向午, 57 页。

贝西亚果属 Genus *Baisia* Krassilov, 1982

1982　Krassilov, 见 Krassilov, Bugdaeva, 281 页。

1984　王自强, 297 页。

1993a　吴向午, 59 页。

模式种: *Baisia hirsuta* Krassilov, 1982

分类位置: 单子叶植物纲（Monocotyledoneae）

硬毛贝西亚果 *Baisia hirsuta* **Krassilov, 1982**

1982　Krassilov, 见 Krassilov, Bugdaeva, 281 页, 图版 1—8; 繁殖器官; 俄罗斯贝加尔湖地区维季姆河; 早白垩世。

1984　王自强, 297 页。

1993a　吴向午, 59 页。

贝西亚果（未定种）*Baisia* sp.

1984　*Baisia* sp., 王自强, 297 页, 图版 150, 图 12; 繁殖器官; 河北围场; 早白垩世九佛堂组。

1993a　*Baisia* sp., 吴向午, 59 页。

羊蹄甲属 Genus *Bauhinia* Linné

1986a, b　陶君容、熊宪政, 127 页。

1993a　吴向午, 59 页。

模式种: （现代属）

分类位置: 双子叶植物纲豆科（Leguminosae, Dicotyledoneae）

△雅致羊蹄甲 *Bauhinia gracilis* **Tao, 1986**

1986a, b　陶君容, 见陶君容、熊宪政, 127 页, 图版 13, 图 6; 叶; 标本号: 52439; 黑龙江嘉荫; 晚白垩世乌云组。

1993a　吴向午, 59 页。

△北票果属 Genus *Beipiaoa* Dilcher,Sun et Zheng,2001（英文发表）

2001　Dilcher D L、孙革、郑少林,见孙革等,25,151 页。

模式种:*Beipiaoa spinosa* Dilcher,Sun et Zheng,2001

分类位置:被子植物门?（Angiospermae?）

△强刺北票果 *Beipiaoa spinosa* Dilcher,Sun et Zheng,2001（英文发表）

2001　Dilcher D L、孙革、郑少林,见孙革等,26,152 页,图版 5,图 1－4,5(?);图版 33,图
　　　11－19;插图 4.7G;果实;登记号:PB18959－PB18962,PB18966,PB18967,ZY3004－
　　　ZY3006;正模:PB18959(图版 5,图 1);辽宁北票上园黄半吉沟;晚侏罗世尖山沟组。
　　　(注:原文未注明模式标本的保存单位及地点)

2003　张弥曼(主编),图 259;果实;辽宁西部北票上园黄半吉沟;晚侏罗世义县组下部尖山
　　　沟层。

△小北票果 *Beipiaoa parva* Dilcher,Sun et Zheng,2001（英文发表）

1999　*Trapa*(?) sp.,吴舜卿,22 页,图版 16,图 1－2a,6(?),6a(?),8(?);果实;辽宁西部北票
　　　上园黄半吉沟;晚侏罗世义县组下部尖山沟层

2001　Dilcher D L、孙革、郑少林,见孙革等,25,151 页,图版 5,图 7;图版 33,图 1－8,21;插
　　　图 4.7A;果实;登记号:PB18953,ZY3001－ZY3003;正模:PB18953(图版 5,图 7);辽
　　　宁北票上园黄半吉沟;晚侏罗世尖山沟组。(注:原文未注明模式标本的保存单位及
　　　地点)

△园形北票果 *Beipiaoa rotunda* Dilcher,Sun et Zheng,2001（英文发表）

2001　Dilcher D L、孙革、郑少林,见孙革等,25,151 页,图版 5,图 8,6(?);图版 33,图 10,
　　　9(?);插图 4.7B;果实;登记号:PB18958,ZY3001－ZY3003;正模:PB18958(图版 5,
　　　图 8);辽宁北票上园黄半吉沟;晚侏罗世尖山沟组。(注:原文未注明模式标本的保存
　　　单位及地点)

△本内缘蕨属 Genus *Bennetdicotis* Pan,1983（裸名）

1983　潘广,1520 页。（中文）

1984　潘广,958 页。（英文）

1993a　吴向午,163,248 页。

1993b　吴向午,508,510 页。

模式种:(没有种名)

分类位置:"半被子植物类群"（"hemiangiosperms"）

本内缘蕨(sp. indet.) *Bennetdicotis* sp. indet.

(注:原文仅有属名,没有种名)

1983　*Bennetdicotis* sp. indet.,潘广,1520 页,华北燕辽地区东段(45°58′N,120°21′E);中侏罗世

海房沟组。（中文）

1984　*Bennetdicotis* sp. indet.，潘广，958 页，华北燕辽地区东段（45°58′N，120°21′E）；中侏罗世海房沟组。（英文）

桦木属 Genus *Betula* Linné，1753

［注：或译桦属（陶君容、熊宪政，1986a,b）］

1986a,b　陶君容、熊宪政，126 页。

1993a　吴向午，60 页。

模式种：（现代属）

分类位置：双子叶植物纲桦木科（Betulaceae，Dicotyledoneae）

古老桦木 *Betula prisca* Ettsupma

1986a,b　陶君容、熊宪政，126 页，图版 6，图 4；图版 10，图 2；叶；黑龙江嘉荫；晚白垩世乌云组。

1993a　吴向午，60 页。

萨哈林桦木 *Betula sachalinensis* Heer，1878

1986a,b　陶君容、熊宪政，126 页，图版 8，图 2－4；叶；黑龙江嘉荫；晚白垩世乌云组。

1993a　吴向午，60 页。

桦木叶属 Genus *Betuliphyllum* Dusén，1899

1899　Dusén，102 页。

2000　郭双兴，232 页。

模式种：*Betuliphyllum patagonicum* Dusén，1899

分类位置：双子叶植物纲桦木科（Betulaceae，Dicotyledoneae）

巴塔哥尼亚桦木叶 *Betuliphyllum patagonicum* Dusén，1899

1899　Dusén，102 页，图版 10，图 15，16；叶；智利普塔阿里纳斯；渐新世。

2000　郭双兴，232 页。

△珲春桦木叶 *Betuliphyllum hunchunensis* Guo，2000（英文发表）

2000　郭双兴，232 页，图版 2，图 5，11；图版 4，图 3－6，9，13；图版 7，图 6；图版 8，图 11，12；叶；登记号：PB18621－PB118627；正模：PB18627（图版 7，图 6）；标本保存在中国科学院南京地质古生物研究所；吉林珲春；晚白垩世珲春组。

石果属 Genus *Carpites* Schimper，1874

1874　Schimper，421 页。

1984　郭双兴,88 页。

1993a　吴向午,62 页。

模式种:*Carpites pruniformis*（Heer）Schimper,1874

分类位置:分类不明(incertae sedis)

核果状石果 *Carpites pruniformis*（Heer）Schimper,1874

1859　*Carpolithes pruniformis* Heer,139 页,图版 141,图 18－30;种子;瑞士;中新世。

1874(1869－1874)　Schimper,421 页;种子;瑞士;中新世。

1993a　吴向午,62 页。

石果(未定种) *Carpites* sp.

1984　*Carpites* sp. 郭双兴,88 页,图版 1,图 4b,6;种子;黑龙江杜尔伯达;晚白垩世青山口组
　　　上部。

1993a　*Carpites* sp.,吴向午,62 页。

决明属 Genus *Cassia* Linné,1753

1982　耿国仓、陶君容,119 页。

1993a　吴向午,63 页。

模式种:(现代属)

分类位置:双子叶植物纲豆科(Leguminosae,Dicotyledoneae)

弗耶特决明 *Cassia fayettensis* Berry,1916

1916　Berry,232 页,图版 49,图 5－8;叶;北美;始新世。

弗耶特决明(比较种) *Cassia* cf. *fayettensis* Berry

1982　耿国仓、陶君容,119 页,图版 1,图 16;叶;西藏日喀则东嘎;晚白垩世－始新世秋乌组。

1993a　吴向午,63 页。

小叶决明 *Cassia marshalensis* Berry,1916

1916　Berry,232 页,图版 50,图 6,7;叶;北美;始新世。

1982　耿国仓、陶君容,119 页,图版 6,图 6;叶;西藏噶尔门士;晚白垩世－始新世门士组。

1993a　吴向午,63 页。

板栗属 Genus *Castanea* Mill

1990　郑少林、张武,见张莹等,241 页。

1993a　吴向午,63 页。

模式种:(现代属)

分类位置:双子叶植物纲壳斗科(Fagaceae,Dicotyledoneae)

△汤原板栗 *Castanea tangyuaensis* Zheng et Zhang,1990

1990　郑少林、张武,见张莹等,241 页,图版 2,图 1－3;插图 3;叶;标本号:TOW0011－

TOW0013:标本保存在大庆油田科学研究设计院;黑龙江汤原;晚白垩世富饶组。
（注:原文未指定模式标本）

1993a 吴向午,63页。

△似木麻黄属 Genus *Casuarinites* Pan,1983（裸名）

1983 潘广,1520页。（中文）

1984 潘广,959页。（英文）

1993a 吴向午,163,249页。

1993b 吴向午,508,510页。

模式种:（没有种名）

分类位置:"原始被子植物类群"（"primitive angiosperms"）

似木麻黄(sp. indet.) *Casuarinites* sp. indet.

（注:原文仅有属名,没有种名）

1983 *Casuarinites* sp. indet.,潘广,1520页,华北燕辽地区东段(45°58′N,120°21′E);中侏罗世海房沟组。（中文）

1984 *Casuarinites* sp. indet.,潘广,959页,华北燕辽地区东段(45°58′N,120°21′E);中侏罗世海房沟组。（英文）

南蛇藤叶属 Genus *Celastrophyllum* Goeppert,1854

1854 Goeppert,52页。

1983 郑少林、张武,92页。

1993a 吴向午,63页。

模式种:*Celastrophyllum attenuatum* Goeppert,1854

分类位置:双子叶植物纲卫矛科(Celastraceae,Dicotyledoneae)

狭叶南蛇藤叶 *Celastrophyllum attenuatum* Goeppert,1854

1853 Goeppert,435页。（裸名）

1854 Goeppert,52页,图版14,图89;叶;印度尼西亚爪哇;第三纪。

1993a 吴向午,63页。

新贝里南蛇藤叶 *Celastrophyllum newberryanum* Hollick,1895

1895 Hollick,101页,图版49,图1－27;叶;美国新泽西;晚白垩世。

2000 郭双兴,237页,图版8,图6,8;叶;吉林珲春;晚白垩世珲春组。

卵形南蛇藤叶 *Celastrophyllum ovale* Vachrameev,1952

1984 王自强,294页,图版148,图4,5;叶;内蒙古卓资;晚白垩世旗下营群。

△亚原始叶南蛇藤叶 *Celastrophyllum subprotophyllum* Tao,1986

1986a,b 陶君容,见陶君容、熊宪政,128页,图版11,图6,7;叶;标本号:52159,52436;黑龙

江嘉荫;晚白垩世乌云组。(注:原文未指定模式标本)

△卓资南蛇藤叶 *Celastrophyllum zhouziense* Wang,1984

1984 王自强,295 页,图版 149,图 5;图版 152,图 13;叶;登记号:P0447;正模:P0447(图版 149,图 5);标本保存在中国科学院南京地质古生物研究所;内蒙古卓资;晚白垩世旗下营群。

南蛇藤叶(未定种) *Celastrophyllum* sp.

1984 *Celastrophyllum* sp.,郭双兴,88 页,图版 1,图 5;叶;黑龙江杜尔伯达;晚白垩世青山口组上部。

南蛇藤叶? (未定种) *Celastrophyllum*? sp.

1983 *Celastrophyllum*? sp.,郑少林、张武,92 页,图版 8,图 12,13;插图 17;叶;黑龙江勃利盆地;晚白垩世东山组。

1993a *Celastrophyllum*? sp.,吴向午,63 页。

南蛇藤属 Genus *Celastrus* Linné,1753

1982 耿国仓、陶君容,121 页。

1993a 吴向午,64 页。

模式种:(现代属)

分类位置:双子叶植物纲卫矛科(Celastraceae,Dicotyledoneae)

小叶南蛇藤 *Celastrus minor* Berry,1916

1916 Berry,266 页,图版 61,图 3,4;叶;北美;始新世。

1982 耿国仓、陶君容,121 页,图版 1,图 23;叶;西藏昂仁吉松;晚白垩世—始新世秋乌组。

1993a 吴向午,64 页。

金鱼藻属 Genus *Ceratophyllum* Linné,1753

2000 郭双兴,233 页。

模式种:(现代属)

分类位置:双子叶植物纲金鱼藻科(Ceratophyllaceae,Dicotyledoneae)

△吉林金鱼藻 *Ceratophyllum jilinense* Gao,2000(英文发表)

2000 郭双兴,233 页,图版 2,图 3,4,10,12;叶;登记号:PB18628,PB18629;正模:PB18628(图版 2,图 3);标本保存在中国科学院南京地质古生物研究所;吉林珲春;晚白垩世珲春组。

连香树属 Genus *Cercidiphyllum* Siebold et Zucarini，1846

1975　郭双兴，417 页。

1993a　吴向午，64 页。

模式种：（现代属）

分类位置：双子叶植物纲连香树科（Cercidiphyllaceae，Dicotyledoneae）

椭圆连香树 *Cercidiphyllum elliptcum*（Newberry）Brown，1939

1868　*Populus elliptcum* Newberry，16 页；北美内布拉斯加（Blackbird Hill，Nebraska）；早白垩世（砂岩）。

1898　*Populus elliptcum* Newberry，43 页，图版 3，图 1，2；叶；北美内布拉斯加（Blackbird Hill，Nebraska）；白垩纪达科他群。

1939　Brown，491 页，图版 52，图 1－17。

1975　郭双兴，417 页，图版 2，图 2，5；叶；西藏日喀则恰布林；晚白垩世日喀则群。

1993a　吴向午，64 页。

北极连香树 *Cercidiphyllum arcticum*（Heer）Brown

1980　张志诚，314 页，图版 197，图 8，9；图版 198，图 4，5；图版 200，图 1-右；叶；黑龙江尚志费家街；晚白垩世孙吴组。

连香树（未定种）*Cercidiphyllum* sp.

1984　*Cercidiphyllum* sp.，王喜富，300 页，图版 176，图 7，8；叶；河北万全洗马林；晚白垩世土井子组。

△朝阳序属 Genus *Chaoyangia* Duan，1998（1997）（中文和英文发表）

1997　段淑英，519 页。（中文）

1998　段淑英，15 页。（英文）

1999　吴舜卿，22 页。

2000　郭双兴、吴向午，83，88 页。

模式种：*Chaoyangia liangii* Duan，1998（1997）

分类位置：被子叶植物门（Angiospermae）[注：此属后改归于买麻藤类（Chlamydopsida）或买麻藤目（Gnetales）（郭双兴、吴向午，2000；吴舜卿，1999）]

△梁氏朝阳序 *Chaoyangia liangii* Duan，1998（1997）（中文和英文发表）

1997　段淑英，519 页，图 1－4；雌性生殖器官；被子植物；标本号：9341；正模：9341[图 1，图 2（化石负面）]；辽宁朝阳；晚侏罗世义县组。（注：原文未注明模式标本的保存单位及地点）（中文）

1998　段淑英，15 页；图 1－4；雌性生殖器官；被子植物；正模：9341[图 1，图 2（化石负面）]；辽宁朝阳；晚侏罗世义县组。（注：原文未注明模式标本的保存单位及地点）（英文）

1999　吴舜卿，22 页，图版 14，图 1，1a，2a，4，4a；图版 15，图 2，2a；雌性生殖器官；辽宁朝阳；晚侏罗世义县组。

2000　郭双兴、吴向午,83,88 页。

2001　张弥曼(主编),图 163;雌性生殖器官;辽宁朝阳;晚侏罗世义县组。(中文)

2003　张弥曼(主编),图 242;雌性生殖器官;辽宁朝阳;晚侏罗世义县组。(英文)

△城子河叶属 Genus *Chengzihella* Guo et Sun,1992

1992　郭双兴、孙革,见孙革等,546 页。(中文)

1993　郭双兴、孙革,见孙革等,254 页。(英文)

1993a　吴向午,161,245 页。

模式种:*Chengzihella obovata* Guo et Sun,1992

分类位置:双子叶植物纲(Dicotyledoneae)

△倒卵城子河叶 *Chengzihella obovata* Guo et Sun,1992

1992　郭双兴、孙革,见孙革等,546 页,图版 1,图 4 — 9;叶;登记号:PB16768 — PB16772;正
　　　模:PB16768(图版 1,图 4);保存在中国科学院南京地质古生物研究所;黑龙江鸡西城
　　　子河;早白垩世城子河组上部。(中文)

1993　郭双兴、孙革,见孙革等,254 页,图版 1,图 4 — 9;叶;登记号:PB16768 — PB16772;正
　　　模:PB16768(图版 1,图 4);保存在中国科学院南京地质古生物研究所;黑龙江鸡西城
　　　子河;早白垩世城子河组上部。(英文)

1993a　吴向午,161,245 页。

樟树属 Genus *Cinnamomum* Boehmer,1760

1979　郭双兴,图版 1,图 3 — 5。

1993a　吴向午,65 页。

模式种:(现代属)

分类位置:双子叶植物纲樟科(Lauraceae,Dicotyledoneae)

西方樟树 *Cinnamomum hesperium* Knowlton

1979　郭双兴,图版 1,图 3 — 5;叶;广西邕宁那楼那晓村;晚白垩世把里组。

1993a　吴向午,65 页。

纽伯利樟树 *Cinnamomum newberryi* Berry

1979　郭双兴,图版 1,图 10;叶;广西邕宁那楼那晓村;晚白垩世把里组。

1993a　吴向午,65 页。

似白粉藤属 Genus *Cissites* Debey,1866

1866　Debey,见 Capellini,Heer,11 页。

1978 杨学林等,图版 2,图 7。

1993a 吴向午,64 页。

模式种:*Cissites aceroides* Debey,1866

分类位置:双子叶植物纲(Dicotyledoneae)

槭树型似白粉藤 *Cissites aceroides* Debey,1866

1866 Debey,见 Capellini,Heer,11 页,图版 2,图 5。

1993a 吴向午,64 页。

2000 郭双兴,237 页。

△珲春似白粉藤 *Cissites hunchunensis* Guo,2000(英文发表)

2000 郭双兴,237 页,图版 4,图 8;图版 8,图 1—3;叶;登记号:PB18672,PB18673,PB18675,
PB18676;正模:PB18673(图版 8,图 1);标本保存在中国科学院南京地质古生物研究
所;吉林珲春;晚白垩世珲春组。

△京西似白粉藤 *Cissites jingxiensis* Wang,1984

1984 王自强,293 页,图版 153,图 11—16 ;叶;登记号:P0457—P0462;合模 1:P0457(图版
153,图 11);合模 2:P0461(图版 153,图 15);标本保存在中国科学院南京地质古生物研
究所;北京西山;晚白垩世夏庄组。[注:依据《国际植物命名法规》(《维也纳法规》)第
37.2 条,模式标本只能是 1 块标本]

似白粉藤(未定种) *Cissites* sp.

1980 *Cissites* sp.,李星学、叶美娜,图版 3,图 6;叶;吉林蛟河杉松;早白垩世磨石砬子组。
[注:此标本后改定为 *Vitiphyllum* sp.（李星学等,1986）]

似白粉藤?（未定种） *Cissites*? sp.

1978 *Cissites*? sp.,杨学林等,图版 2,图 7;叶;吉林蛟河杉松;早白垩世磨石砬子组。[注:此
标本后改定为 *Vitiphyllum* sp.（李星学等,1986）]

1993a *Cissites*? sp.,吴向午,64 页。

白粉藤属 Genus *Cissus* Linné

1986a,b 陶君容、熊宪政,129 页。

1993a 吴向午,65 页。

模式种:(现代属)

分类位置:双子叶植物纲葡萄科(Vitaceae,Dicotyledoneae)

边缘白粉藤 *Cissus marginata*（Lesquereux）Brown,1962

1873 *Viburnum marginata* Lesquereux,395 页。

1878 *Viburnum marginata* Lesquereux,223 页,图版 37,图 11;图版 38,图 1—4。(注:不包
括图 5,图 5 是 *Ficus planicostata* Lesquereux 的小叶)

1962 Brown,79 页,图版 53,图 1—6;图版 54,图 1—4;图版 55,图 4,6,7;叶;美国落基山脉
和大平原;古新世。

1986a,b　陶君容、熊宪政，129 页，图版 5，图 6；叶；黑龙江嘉荫；晚白垩世乌云组。

1993a　吴向午，65 页。

△似铁线莲叶属 Genus *Clematites* ex Tao et Zhang，1990，Wu emend，1993

[注：此属名为陶君容、张川波(1990)首次使用，但未注明是新属名（见吴向午，1993a，1993b）]

1990　陶君容、张川波，221，226 页。

1993a　吴向午，12，217 页。

1993b　吴向午，508，511 页。

模式种：*Clematites lanceolatus* Tao et Zhang，1990

分类位置：双子叶植物纲毛茛科？（Ranunculaceae?，Dicotyledoneae）

△披针似铁线莲叶 *Clematites lanceolatus* Tao et Zhang，1990

1990　陶君容、张川波，221，226 页，图版 1，图 9；插图 4；叶；标本号：$K_1 d_{41-3}$；标本保存在中国
　　　科学院植物研究所；吉林延吉；早白垩世大拉子组。

1993a　吴向午，12，217 页。

1993b　吴向午，508，511 页。

2005　张光富，图版 1，图 3；叶；吉林；早白垩世大拉子组。

似榛属 Genus *Corylites* Gardner J S，1887

1887　Gardner J S，290 页。

1986a,b　陶君容、熊宪政，127 页。

1993a　吴向午，68 页。

模式种：*Corylites macquarrii* Gardner J S，1887

分类位置：双子叶植物纲榛科（Corylaceae，Dicotyledoneae）

麦氏似榛 *Corylites macquarrii* Gardner J S，1887

1887　Gardner J S，290 页，图版 15，图 3；叶；苏格兰；中新世。

1993a　吴向午，68 页。

福氏似榛 *Corylites fosteri*（Ward）Bell，1949

1886　*Corylus rostrata* Ward，551 页，图版 39，图 1－4。

1887　*Corylus rostrata* Ward，29 页，图版 13，图 1－4。

1889　*Corylus rostrata fosteri* Newberry，63 页，图版 32，图 1－3。

1949　Bell，53 页，图版 33，图 1－5，7；叶；加拿大阿尔伯达西部；古新世（Paskapoo Formation）。

1986a,b　陶君容、熊宪政，127 页，图版 8，图 6；叶；黑龙江嘉荫；晚白垩世乌云组。

1993a　吴向午，68 页。

△珲春似榛 *Corylites hunchunensis* Guo，2000（英文发表）

2000　郭双兴，232 页，图版 2，图 7；图版 3，图 6；图版 7，图 1，2a，3，5；叶；登记号：PB18615－

PB18620;正模:PB18617(图版 7,图 1);标本保存在中国科学院南京地质古生物研究所;吉林珲春;晚白垩世珲春组。

榛叶属 Genus *Corylopsiphyllum* Koch,1963

1963　Koch,50 页。

2000　郭双兴,234 页。

模式种:*Corylopsiphyllum groenlandicum* Koch,1963

分类位置:双子叶植物纲金缕梅科(Hamamelidaceae,Dicotyledoneae)

格陵兰榛叶 *Corylopsiphyllum groenlandicum* Koch,1963

1963　Koch,50 页,图版 20,图 2;图版 21,22;叶;格陵兰西北部中央努格苏阿格半岛;古新世。

2000　郭双兴,234 页。

△吉林榛叶 *Corylopsiphyllum jilinense* Gao,2000(英文发表)

2000　郭双兴,234 页,图版 4,图 7,19;叶;登记号:PB18634,PB118635;正模:PB18635(图版 4,图 19);标本保存在中国科学院南京地质古生物研究所;吉林珲春;晚白垩世珲春组。

榛属 Genus *Corylus* Linné,1753

1980　张志诚,323 页。

1993a　吴向午,68 页。

模式种:(现代属)

分类位置:双子叶植物纲榛科(Corylaceae,Dicotyledoneae)

肯奈榛 *Corylus kenaiana* Hollick

1980　张志诚,323 页,图版 204,图 6;叶;黑龙江尚志费家街;晚白垩世孙吴组。

1993a　吴向午,68 页。

克里木属 Genus *Credneria* Zenker,1883

1883　Zenker,17 页。

1986a,b　陶君容、熊宪政,129 页。

1993a　吴向午,68 页。

模式种:*Credneria integerrima* Zenker,1883

分类位置:双子叶植物纲(Dicotyledoneae)

完整克里木 *Credneria integerrima* Zenker,1883

1883　Zenker,17 页,图版 2,图 F;叶;德国布兰肯堡;晚白垩世。

1993a 吴向午,68页。

不规则克里木 *Credneria inordinata* Hollick,1930

1930 Hollick,86页,图版56,图3;图版57,图2,3;叶;美国阿拉斯加;晚白垩世 Kaltag 组。

1986a,b 陶君容、熊宪政,129页,图版5,图7;图版6,图9;叶;黑龙江嘉荫;晚白垩世乌
云组。

1993a 吴向午,68页。

△苏铁缘蕨属 Genus *Cycadicotis* Pan,1983(裸名)

1983 潘广,1520页。(中文)

1983 李杰儒,22页。

1984 潘广,958页。(英文)

1993a 吴向午,163,249页。

1993b 吴向午,508,511页。

模式种:*Cycadicotis nissonervis* Pan (MS) ex Li,1983[注:原文仅有属名,没有种名(或模式种
名);后指定 *Cycadicotis nissonervis* Pan (MS) ex Li 为此属模式种(李杰儒,1983)]

分类位置:"半被子植物类群"("hemiangiosperms")中华缘蕨科(Sinodicotiaceae)(潘广,1983,
1984)或苏铁类(Cycadophytes)(李杰儒,1983)

△蕉羽叶脉苏铁缘蕨 *Cycadicotis nissonervis* Pan (MS) ex Li,1983(裸名)

1983 *Cycadicotis nissonervis* Pan (MS) ex Li,李杰儒,22页,图版2,图3;叶和雌性生殖器
官;标本号:Jp1h2-30;标本保存在辽宁省地质局区域地质调查大队;辽宁南票后富隆
山盘道沟;中侏罗世海房沟组3段。

1987 *Cycadicotis nissonervis* Pan,张武、郑少林,图版26,图7—10;插图25d—25i;叶和雌性
生殖器官;辽宁南票后富隆山盘道沟;中侏罗世海房沟组3段。[注:此标本后被郑少
林等(2003)定为 *Anomozamites haifanggouensis*(Kimura,Ohana,Zhao et Geng)Zheng
et Zhang]

1994 *Cycadicotis nissonervis* Pan,Kimura 等,258页,插图5—7[=张武、郑少林(1987),图
版26,图7,9,10];叶;辽宁南票后富隆山盘道沟;中侏罗世海房沟组3段。

苏铁缘蕨(sp. indet.)*Cycadicotis* sp. indet.

(注:原文仅有属名,没有种名)

1983 *Cycadicotis* sp. indet.,潘广,1520页,华北燕辽地区东段(45°58′N,120°21′E);中侏罗
世海房沟组。(中文)

1984 *Cycadicotis* sp. indet.,潘广,958页,华北燕辽地区东段(45°58′N,120°21′E);中侏罗世
海房沟组。(英文)

1993a 吴向午,163,249页。

1993b 吴向午,508,511页。

青钱柳属 Genus *Cycrocarya* I'Ijiskaja

1986a,b　陶君容、熊宪政,127 页。

1993a　吴向午,72 页。

模式种:(现代属)

分类位置:双子叶植物纲胡桃科(Juglandaceae,Dicotyledoneae)

△大翅青钱柳 *Cycrocarya macroptera* Tao,1986

1986a,b　陶君容,见陶君容、熊宪政,127 页,图版 10,图 5;翅果;标本号:52433;黑龙江嘉荫;
　　　　晚白垩世乌云组。

1993a　吴向午,72 页。

似莎草属 Genus *Cyperacites* Schimper,1870

1870(1869－1874)　Schimper,413 页。

1975　郭双兴,413 页。

1993a　吴向午,74 页。

模式种:*Cyperacites dubius*（Heer）Schimper,1870

分类位置:单子叶植物纲莎草科(Cyparaceae,Monocotyledoneae)

可疑似莎草 *Cyperacites dubius*（Heer）Schimper,1870

1855　*Cyperites dubius* Heer,75 页,图版 27,图 8;瑞士厄辛根;第三纪。

1870(1869－1874)　Schimper,413 页。

1993a　吴向午,74 页。

似莎草(未定种) *Cyperacites* sp.

1975　*Cyperacites* sp.,郭双兴,413 页,图版 3,图 6;叶;西藏萨迦北山;晚白垩世日喀则改群。

1993a　*Cyperacites* sp.,吴向午,74 页。

德贝木属 Genus *Debeya* Miquel,1853

1853　Miquel,6 页。

1986a,b　陶君容、熊宪政,131 页。

1993a　吴向午,75 页。

模式种:*Debeya serrata* Miquel,1853

分类位置:双子叶植物纲桑科(Moraceae,Dicotyledoneae)

锯齿德贝木 *Debeya serrata* Miquel,1853

1853　Miquel,6 页,图版 1,图 1;叶;比利时库拉德附近;晚白垩世(塞农期)。

1993a 吴向午,75页。

第氏德贝木 *Debeya tikhonovichii*（Kryshtofovich）Krassilov,1973

1973 Krassilov,108页,图版21,图26－34。

1986a,b 陶君容、熊宪政,131页,图版6,图8;叶;黑龙江嘉荫;晚白垩世乌云组。

1993a 吴向午,75页。

山菅兰属 Genus *Dianella* Lam,1786

1982 耿国仓、陶君容,121页。

1993a 吴向午,76页。

模式种:（现代属）

分类位置:单子叶植物纲百合科(Liliaceae,Monocotyledoneae)

△长叶山菅兰 *Dianella longifolia* Tao,1982

1982 陶君容,见耿国仓、陶君容,121页,图版10,图2,3;叶;标本号:51877A;西藏日喀则东嘎;晚白垩世－始新世秋乌组。

1993a 吴向午,76页。

双子叶属 Genus *Dicotylophyllum* Saporta,1894(non Bandulska,1923)

1894 Saporta,147页。

1975 郭双兴,421页。

1993a 吴向午,76页。

模式种:*Dicotylophyllum cerciforme* Saporta,1894

分类位置:双子叶植物纲(Dicotyledoneae)

尾状双子叶 *Dicotylophyllum cerciforme* Saporta,1894

1894 Saporta,147页,图版26,图14;叶;葡萄牙;白垩纪。

1975 郭双兴,421页。

1993a 吴向午,76页。

△珲春叶双子叶 *Dicotylophyllum hunchuniphyllum* Guo,2000（英文发表）

2000 郭双兴,238页,图版8,图7;叶;登记号:PB18681;正模:PB18681(图版8,图7);标本保存在中国科学院南京地质古生物研究所;吉林珲春;晚白垩世珲春组。

△微小双子叶 *Dicotylophyllum minutissimus* Li,2003（中文和英文发表）

2003a 李浩敏,376页,图1(a)－1(f);图2;叶;登记号:PB19793,PB19794;正模:PB19793[图1(a),1(c),1(f)];等模:PB19794[图1(b),1(d)];标本保存在中国科学院南京地质古生物研究所;安徽五河;早白垩世新庄组。(中文)

2003b 李浩敏,611页,图1(a)－1(f);图2;叶;登记号:PB19793,PB19794;正模:PB19793[图

1(a),1(c),1(f)]；等模：PB19794[图 1(b),1(d)]；标本保存在中国科学院南京地质古生物研究所；安徽五河；早白垩世新庄组。（英文）

菱形双子叶 *Dicotylophyllum rhomboidale* Vachrameev,1952

1952   Vachrameev,269 页,图版 42,图 1－3。

1994   郑少林、张莹,760 页,图版 3,图 3－8；叶；松辽盆地安达肇东；早白垩世晚期泉头组 3 段。

△亚梨形双子叶 *Dicotylophyllum subpyrifolium* Guo,2000（英文发表）

2000   郭双兴,239 页,图版 2,图 13；叶；登记号：PB18682；正模：PB18682（图版 2,图 13）；标本保存在中国科学院南京地质古生物研究所；吉林珲春；晚白垩世珲春组。

双子叶（未定多种）*Dicotylophyllum* spp.

1975   *Dicotylophyllum* sp.,郭双兴,421 页,图版 3,图 5；叶；西藏萨迦北山；晚白垩世日喀则群。

1981   *Dicotylophllum* sp.,张志诚,157 页,图版 2,图 5；叶；黑龙江牡丹江；早白垩世猴石沟组。

1984   *Dicotylophyllum* sp.,张志诚,127 页,图版 4,图 3；图版 6,图 6；叶；黑龙江嘉荫；晚白垩世太平林场组。

1990   *Dicotylophyllum* sp.,周志炎等,418,424 页,图版 1,图 1－1b；插图 1B；叶；香港平洲岛；早白垩世晚期阿尔布期。

1993a   *Dicotylophyllum* sp.,吴向午,76 页。

1994   *Dicotylophyllum* sp. 1,郑少林、张莹,760 页,图版 3,图 9；叶；松辽盆地安达肇东；早白垩世晚期泉头组 3 段。

1994   *Dicotylophyllum* sp. 2,郑少林、张莹,760 页,图版 3,图 10；叶；松辽盆地安达肇东；早白垩世晚期泉头组 3 段。

1995a   *Dicotylophyllum* sp.,李星学（主编）,图版 114,图 9,11；图版 115,图 1；叶；香港平洲岛；早白垩世平洲组（引自周志炎等,1990）。（中文）

1995b   *Dicotylophyllum* sp.,李星学（主编）,图版 114,图 9,11；图版 115,图 1；叶；香港平洲岛；早白垩世平洲组（引自周志炎等,1990）。（英文）

1998   *Dicotylophyllum* sp. 1,刘裕生,74 页,图版 3,图 16；叶；香港大鹏湾平洲岛；晚白垩世平洲组。

1998   *Dicotylophyllum* sp. 2,刘裕生,74 页,图版 3,图 17；叶；香港大鹏湾平洲岛；晚白垩世平洲组。

1998   *Dicotylophyllum* sp. 3,刘裕生,75 页,图版 4,图 1；叶；香港大鹏湾平洲岛；晚白垩世平洲组。

1998   *Dicotylophyllum* sp. 4,刘裕生,75 页,图版 4,图 2；叶；香港大鹏湾平洲岛；晚白垩世平洲组。

1998   *Dicotylophyllum* sp. 5,刘裕生,75 页,图版 4,图 4；叶；香港大鹏湾平洲岛；晚白垩世平洲组。

1998   *Dicotylophyllum* sp. 6,刘裕生,75 页,图版 4,图 7；叶；香港大鹏湾平洲岛；晚白垩世平洲组。

1998   *Dicotylophyllum* sp. 7,刘裕生,75 页,图版 4,图 8,11；叶；香港大鹏湾平洲岛；晚白垩世平洲组。

1998   *Dicotylophyllum* sp. 8,刘裕生,76 页,图版 3,图 15；图版 4,图 12；叶；香港平洲岛；晚白垩世平洲组。

1998   *Dicotylophyllum* sp. 9,刘裕生,76 页,图版 5,图 3；叶；香港大鹏湾平洲岛；晚白垩世平洲组。

1998   *Dicotylophyllum* sp. 10,刘裕生,76 页,图版 5,图 4,8；叶；香港平洲岛；晚白垩世平洲组。

1998 *Dicotylophyllum* sp. 11,刘裕生,76 页,图版 5,图 5;叶;香港平洲岛;晚白垩世平洲组。

2005 *Dicotylophyllum* sp.,张光富,图版 1,图 5;叶;吉林;早白垩世大拉子组。

双子叶属 Genus *Dicotylophyllum* Bandulska,1923（non Saporta,1894）

［注：此属为 *Dicotylophyllum* Saporta,1894 的晚出同名（吴向午,1993a）］

1923 Bandulska,244 页。

1993a 吴向午,76 页。

模式种：*Dicotylophyllum stopesii* Bandulska,1923

分类位：双子叶植物纲（Dicotyledoneae）

斯氏双子叶 *Dicotylophyllum stopesii* Bandulska,1923

1923 Bandulska,244 页,图版 20,图 1—4;叶;英国伯恩茅斯;始新世。

1993a 吴向午,76 页。

柿属 Genus *Diospyros* Linné,1753

1984 郭双兴,88 页。

1993a 吴向午,78 页。

模式种：（现代属）

分类位置：双子叶植物纲柿树科（Ebenaceae,Dicotyledoneae）

圆叶柿 *Diospyros rotundifolia* Lesquereux,1874

1874 Lesquereux,89 页,图版 30,图 1;叶;美国;晚白垩世。

1984 郭双兴,88 页,图版 1,图 8;叶;黑龙江杜尔伯达;晚白垩世青山口组上部。

1993a 吴向午,78 页。

槲叶属 Genus *Dryophyllum* Debey in Saporta,1865

1865 Debey,见 Saporta,46 页。

1984 郭双兴,86 页。

1993a 吴向午,78 页。

模式种：*Dryophyllum subcretaceum* Debey in Saporta,1865

分类位置：双子叶植物纲（Dicotyledoneae）

亚镰槲叶 *Dryophyllum subcretaceum* Debey in Saporta,1865

1865 Debey,见 Saporta,46 页;叶;法国塞扎讷;始新世。

1868 Saporta,347 页,图版 26,图 1—3;叶;法国塞扎讷;始新世。

1984 郭双兴,86 页,图版 1,图 1,1a;叶;黑龙江杜尔伯达;晚白垩世青山口组上部。

1993a 吴向午,78 页。

△似画眉草属 Genus *Eragrosites* Cao et Wu S Q,1998(1997)（中文和英文发表）

［注:此属模式种后被郭双兴、吴向午（2000）改归于买麻藤类（Chlamydopsida）或买麻藤目（Gnetales）的 *Ephedrites* 属,定名为 *Ephedrites chenii*（Cao et Wu S Q）Guo et Wu X W;被吴舜卿改归于买麻藤目（Gnetales）,定名为 *Liaoxia chenii*（Cao et Wu S Q）Wu S Q（吴舜卿,1999）]

1997 曹正尧、吴舜卿,见曹正尧等,1765 页。（中文）

1998 曹正尧、吴舜卿,见曹正尧等,231 页。（英文）

模式种:*Eragrosites changii* Cao et Wu S Q,1998(1997)

分类位置:单子叶植物纲禾本科（Gramineae,Monocotyledoneae）

△常氏似画眉草 *Eragrosites changii* Cao et Wu S Q,1998(1997)（中文和英文发表）

1997 曹正尧、吴舜卿,见曹正尧等,1765 页,图版 2,图 1－3;插图 1;草本植物,花枝;登记号:PB17801,PB17802;正模:PB17803（图版 2,图 2）;标本保存在中国科学院南京地质古生物研究所;辽宁西部北票上园炒米店附近;晚侏罗世义县组下部尖山沟层。（中文）

1998 曹正尧、吴舜卿,见曹正尧等,231 页,图版 2,图 1－3;图 1;草本植物,花枝;登记号:PB17801,PB17802;正模:PB17803（图版 2,图 2）;标本保存在中国科学院南京地质古生物研究所;辽宁西部北票上园炒米店附近;晚侏罗世义县组下部尖山沟层。（英文）

伊仑尼亚属 Genus *Erenia* Krassilov,1982

1982 Krassilov,33 页。

1999 吴舜卿,22 页。

模式种:*Erenia stenoptera* Krassilov,1982

分类位置:被子叶植物门（Angiospermae）

狭翼伊仑尼亚 *Erenia stenoptera* Krassilov,1982

1982 Krassilov,33 页,图版 18,图 238,239;果实;蒙古;早白垩世。

1999 吴舜卿,22 页,图版 16,图 5,5a;果实;辽宁西部北票上园黄半吉沟;晚侏罗世义县组下部尖山沟层。

2001 张弥曼（主编）,图 165;果实;辽宁西部北票上园黄半吉沟;晚侏罗世义县组下部尖山沟层。（中文）

2003 张弥曼（主编）,图 243;果实;辽宁西部北票上园黄半吉沟;晚侏罗世义县组下部尖山沟层。（英文）

桉属 Genus *Eucalyptus* L'Hertier,1788

1975　郭双兴,419 页。

1993a 吴向午,82 页。

模式种:(现代属)

分类位置:双子叶植物纲桃金娘科(Myrtaceae,Dicotyledoneae)

狭叶桉 *Eucalyptus angusta* Velenovsky,1885

1885　Velenovsky,图版 3,图 2－12。

1982　耿国仓、陶君容,120 页,图版 7,图 3;图版 8,图 7,8;叶;西藏日喀则东嘎;晚白垩世一始新世秋乌组。

盖氏桉 *Eucalyptus geinitzii* Heer,1882

1869　*Myrtophyllum geinitzii* Heer,22 页,图版 11,图 3;叶;捷克斯洛伐克摩拉维亚;晚白垩世。

1882　Heer,93 页,图版 19,图 1c;图版 45,图 4－9;图版 46,图 12c,12d,13;叶;捷克斯洛伐克摩拉维亚;晚白垩世。

1982　耿国仓、陶君容,119 页,图版 6,图 7,8;图版 7,图 3,图版 8,图 1－6;叶;西藏噶尔门士;晚白垩世一始新世门士组;西藏日喀则东嘎;晚白垩世一始新世秋乌组。

△矩圆桉 *Eucalyptus oblongifolia* Tao,1982

1982　陶君容,见耿国仓、陶君容,120 页,图版 5,图 1,2;图版 6,图 7,9;图版 7,图 1b;图版 9,图 1;插图 4;叶;标本号:51868,51876;西藏噶尔门士;晚白垩世一始新世门士组。(注:原文未指定模式标本)

桉(未定种) *Eucalyptus* sp.

1975　*Eucalyptus* sp.,郭双兴,419 页,图版 2,图 3;叶;西藏日喀则恰布林;晚白垩世日喀则群。

1993a *Eucalyptus* sp.,吴向午,82 页。

△似杜仲属 Genus *Eucommioites* ex Tao et Zhang,1992

[注:此属名由陶君容、张川波(1992)首次使用,见 *Eucommioites orientalis* Tao et Zhang,1992,但未注明是新属名]

1992　陶君容、张川波,424,425 页。

模式种:*Eucommioites orientalis* Tao et Zhang,1992

分类位置:双子叶植物纲(Dicotyledoneae)

△东方似杜仲 *Eucommioites orientalis* Tao et Zhang,1992

1992　陶君容、张川波,424,425 页,图版 1,图 7－9;翅果;标本号:053883;正模:053883(图版

1,图 7－9);标本保存在中国科学院植物研究所;吉林延吉;早白垩世大拉子组。

1995a 李星学(主编),图版 143,图 1;翅果;吉林龙井智新;早白垩世大拉子组。(中文)

1995b 李星学(主编),图版 143,图 1;翅果;吉林龙井智新;早白垩世大拉子组。(英文)

2000 孙革等,图版 4,图 3;翅果;吉林龙井智新大拉子;早白垩世大拉子组。

榕叶属 Genus *Ficophyllum* Fontaine,1889

1889 Fontaine,291 页。

1990 *Ficophyllum* sp.,陶君容、张川波,227 页。

1993a 吴向午,83 页。

模式种:*Ficophyllum crassinerve* Fontaine,1889

分类位置:双子叶植物纲桑科(Moraceae,Dicotyledoneae)

粗脉榕叶 *Ficophyllum crassinerve* Fontaine,1889

1889 Fontaine,291 页,图版 144－148;叶;美国弗吉尼亚弗雷德里克斯堡;早白垩世波托马克群。

1990 陶君容、张川波,227 页。

1993a 吴向午,83 页。

2005 张光富,图版 2,图 6;叶;吉林;早白垩世大拉子组。

榕叶(未定种) *Ficophyllum* sp.

1990 *Ficophyllum* sp.,陶君容、张川波,227 页,图版 2,图 3;叶;吉林延吉;早白垩世大拉子组。

1993a *Ficophyllum* sp.,吴向午,83 页。

榕属 Genus *Ficus* Linné,1753

1975 郭双兴,416 页。

1993a 吴向午,83 页。

模式种:(现代属)

分类位置:双子叶植物纲桑科(Moraceae,Dicotyledoneae)

瑞香型榕 *Ficus daphnogenoides*(Heer)Berry,1905

1866 *Proteoides daphnogenoides* Heer,17 页,图版 4,图 9,10;叶;美国;晚白垩世。

1905 Berry,327 页,图版 21。

1975 郭双兴,416 页,图版 2,图 1,6;叶;西藏日喀则扎西林;晚白垩世日喀则群。

1993a 吴向午,83 页。

番石榴叶榕 *Ficus myrtifolius* Berry,1916

1916 Berry,205 页,图版 30,图 1－3;叶;美国;始新世。

1982 *Ficus myrtifolia* Berry,耿国仓、陶君容,117 页,图版 7,图 1a,2,5;叶;西藏噶尔门士;

晚白垩世—始新世门士组。

悬铃木型榕 *Ficus platanicostata* **Lesquereux**

1980　张志诚,317 页,图版 200,图 1-左;叶;黑龙江尚志费家街;晚白垩世孙吴组。

施特凡榕 *Ficus steophensoni* **Berry,1910**

1910　Berry,191 页,图版 23,图 2,3;叶;美国;晚白垩世。

1982　耿国仓、陶君容,116 页,图版 1,图 6,7;叶;西藏昂仁吉松;晚白垩世—始新世秋乌组。

△羊齿缘蕨属 **Genus** *Filicidicotis* **Pan,1983**（裸名）

1983　潘广,1520 页。（中文）

1984　潘广,958 页。（英文）

1993a　吴向午,163,249 页。

1993b　吴向午,508,512 页。

模式种:（没有种名）

分类位置:"半被子植物类群"("hemiangiosperms")

羊齿缘蕨(sp. indet.) *Filicidicotis* **sp. indet.**

（注:原文仅有属名,没有种名）

1983　*Filicidicotis* sp. indet.,潘广,1520 页,华北燕辽地区东段(45°58′N,120°21′E);中侏罗世海房沟组。（中文）

1984　*Filicidicotis* sp. indet.,潘广,958 页,华北燕辽地区东段(45°58′N,120°21′E);中侏罗世海房沟组。（英文）

禾草叶属 **Genus** *Graminophyllum* **Conwentz,1886**

1886　Conwentz,15 页。

1979　郭双兴、李浩敏,557 页。

1993a　吴向午,88 页。

模式种:*Graminophyllum succineum* Conwentz,1886

分类位置:单子叶植物纲禾本科(Graminae,Monocotyledoneae)

琥珀禾草叶 *Graminophyllum succineum* **Conwentz,1886**

1886　Conwentz,15 页,图版 1,图 18－24;叶;德国西部;第三纪。

1993a　吴向午,88 页。

禾草叶(未定种) *Graminophyllum* **sp.**

1979　*Graminophyllum* sp.,郭双兴、李浩敏,557 页,图版 3,图 8;叶;吉林珲春;晚白垩世珲春组。

1993a　*Graminophyllum* sp.,吴向午,88 页。

古尔万果属 Genus *Gurvanella* Krassilov,1982

1982 Krassilov,31 页。

2001 孙革等,108,207 页。（中文和英文）

模式种:*Gurvanella dictyoptera* Krassilov,1982,emend Sun,Zheng et Dilcher,2001

分类位置:被子植物门(Angiospermae)［注:此属后被孙革等（孙革等,2001）改归于买麻藤目(Gnetales)］

网翅古尔万果 *Gurvanella dictyoptera* Krassilov,1982,emend Sun,Zheng et Dilcher,2001（中文和英文发表）

1982 Krassilov,31 页,图版 18,图 229－237;插图 10A;翅籽;蒙古古尔万-艾林山地区;早白垩世。［注:本种原归于被子植物,后被孙革等（孙革等,2001）改归于买麻藤目(Gnetales)］

2001 孙革、郑少林、Dilcher D L,见孙革等,108,207 页。

△优美古尔万果 *Gurvanella exquisites* Sun,Zheng et Dilcher,2001（中文和英文发表）

2001 孙革、郑少林、Dilcher D L,见孙革等,108,207 页,图版 24,图 7,8;图版 25,图 5;图版 65,图 2－11;翅籽;登记号:PB19176－PB19181,PB19183,ZY3031;正模:PB19176（图版 24,图 8）;标本保存在中国科学院南京地质古生物研究所;辽宁西部;晚侏罗世尖山沟组。

哈兹籽属 Genus *Hartzia* Nikitin,1965（non Harris,1935）

［注:此属名为 *Hartzia* Harris(1935) 的晚出同名（吴向午,1993a）］

1965 Nikitin,86 页。

1970 Andrews,101 页。

1993a 吴向午,89 页。

模式种:*Hartzia rosenkjari*（Hartz）Nikitin,1965

分类位置:双子叶植物纲山茱萸科(Cornaceae,Dicotyledoneae)

洛氏哈兹籽 *Hartzia rosenkjari*（Hartz）Nikitin,1965

1965 Nikitin,86 页,图版 16,图 4－6,8;种子;苏联西伯利亚托木斯克附近;早中新世。

1970 Andrews,101 页。

1993a 吴向午,89 页。

△似八角属 Genus *Illicites* Pan,1983（裸名）

1983 潘广,1520 页。（中文）

1984　潘广,959 页。（英文）

1993a　吴向午,163,249 页。

1993b　吴向午,508,513 页。

模式种:（没有种名）

分类位置:"原始被子植物类群"（"primitive angiosperms"）

似八角(sp. indet.) *Illicites* sp. indet.

(注:原文仅有属名,没有种名)

1983　*Illicites* sp. indet.,潘广,1520 页;华北燕辽地区东段(45°58′N,120°21′E);中侏罗世海
房沟组。（中文）

1984　*Illicites* sp. indet.,潘广,959 页;华北燕辽地区东段(45°58′N,120°21′E);中侏罗世海
房沟组。（英文）

△鸡西叶属 Genus *Jixia* Guo et Sun,1992

1992　郭双兴、孙革,见孙革等,547 页。（中文）

1993　郭双兴、孙革,见孙革等,254 页。（英文）

1993a　吴向午,161,246 页。

模式种:*Jixia pinnatipartita* Guo et Sun,1992

分类位置:双子叶植物纲(Dicotyledoneae)

△羽裂鸡西叶 *Jixia pinnatipartita* Guo et Sun,1992

1992　郭双兴、孙革,见孙革等,547 页,图版 1,图 10 — 12;图版 2,图 7;叶;登记号:
PB16773 — PB16775;正模:PB16774(图版 1,图 10);保存在中国科学院南京地质古生
物研究所;黑龙江鸡西城子河;早白垩世城子河组上部。（中文）

1993　郭双兴、孙革,见孙革等,254 页,图版 1,图 10 — 12;图版 2,图 7;叶;登记号:
PB16773 — PB16775;正模:PB16774(图版 1,图 10);保存在中国科学院南京地质古生
物研究所;黑龙江鸡西城子河;早白垩世城子河组上部。（英文）

1993a　吴向午,161,246 页。

1995a　李星学(主编),图版 141,图 4;插图 9-2.3;叶;黑龙江鸡西城子河;早白垩世城子河组。
（中文）

1995b　李星学(主编),图版 141,图 4;插图 9-2.3;叶;黑龙江鸡西城子河;早白垩世城子河组。
（英文）

1996　孙革、Dilcher D L,图版 1,图 10;插图 1C;叶;黑龙江鸡西城子河;早白垩世城子河组。

2000　孙革等,图版 3,图 5;叶;黑龙江鸡西城子河;早白垩世城子河组上部。

2002　孙革、Dilcher D L,99 页,图版 2,图 1,9;插图 4D;叶;黑龙江鸡西城子河;早白垩世城
子河组。

△城子河鸡西叶 *Jixia chenzihenura* Sun et Dilcher,2002(英文发表)

1995a　李星学(主编),图版 141,图 5,7;插图 9-2.4;叶;黑龙江鸡西城子河;早白垩世城子河
组。（裸名）（中文）

1995b　李星学(主编),图版 141,图 5,7;插图 9-2.4;叶;黑龙江鸡西城子河;早白垩世城子河

组。(裸名)(英文)

1996　孙革、Dilcher D L,图版 1,图 11;插图 1D;叶;黑龙江鸡西城子河;早白垩世城子河组。
　　　(裸名)

2000　孙革等,图版 3,图 6;叶;黑龙江鸡西城子河;早白垩世城子河组上部。(裸名)

2002　孙革、Dilcher D L,99 页,图版 2,图 2,3,5—8,10,11,13;插图 4F,4I;叶;登记号：
　　　SC10014,SC10015,SC10027,PB16773—PB16775;正模：SC10014(图版 2,图 2,11);黑
　　　龙江鸡西城子河;早白垩世城子河组。(注：原文未指定模式标本保存单位)

鸡西叶(未定种) *Jixia* sp.

2002　*Jixia* sp.,孙革、Dilcher D L,101 页,图版 2,图 4,12;插图 4H;叶;黑龙江鸡西城子河;
　　　早白垩世城子河组。

似胡桃属 Genus *Juglandites* (Brongniart) Sternberg,1825

1825(1820—1838)　Sternberg,xl 页。

1975　郭双兴,415 页。

1993a　吴向午,93 页。

模式种：*Juglandites nuxtaurinensis* (Brongniart) Sternberg,1825

分类位置：双子叶植物纲胡桃科(Juglandaceae,Dicotyledoneae)

纽克斯塔林似胡桃 *Juglandites nuxtaurinensis* (Brongniart) Sternberg,1825

1822　*Juglans nuxtaurinensis* Brongniart,323 页,图版 6,图 6;核桃仁内果皮;意大利都灵;中
　　　新世。

1825 (1820—1838)　Sternberg,xl 页。

1993a　吴向午,93 页。

△灰叶似胡桃 *Juglandites polophyllus* Guo et Li,1979

1979　郭双兴、李浩敏,553 页,图版 1 图 6;叶;采集号：Ⅱ-51b;登记号：PB7444;正模：PB7444
　　　(图版 1,图 6);标本保存在中国科学院南京地质古生物研究所;吉林珲春;晚白垩世珲
　　　春组。

深波似胡桃 *Juglandites sinuatus* Lesquereux,1892

1892　Lesquereux,71 页,图版 35,图 9—11;叶;美国;晚白垩世 Dakota 组。

1975　郭双兴,415 页,图版 2,图 6,6a,7;叶;西藏日喀则扎西林;晚白垩世日喀则群。

1993a　吴向午,93 页。

△侏罗缘蕨属 Genus *Juradicotis* Pan,1983(裸名)

1983　潘广,1520 页。(中文)

1984　潘广,958 页。(英文)

1993a　吴向午,163,249 页。

1993b 吴向午,508,514 页。

模式种:(没有种名)

分类位置:"半被子植物类群"("hemiangiosperms")

侏罗缘蕨(sp. indet.) *Juradicotis* sp. indet.

(注:原文仅有属名,没有种名)

1983 *Juradicotis* sp. indet.,潘广,1520 页;华北燕辽地区东段(45°58′N,120°21′E);中侏罗世海房沟组。(中文)

1984 *Juradicotis* sp. indet.,潘广,958 页;华北燕辽地区东段(45°58′N,120°21′E);中侏罗世海房沟组。(英文)

△直立侏罗缘蕨 *Juradicotis elrecta* Pan (MS) ex Kimura et al. ,1994(裸名)

1994 潘广,见 Kimura 等,258 页,图 8;叶和雌性生殖器官;标本号:L0407A;辽宁南票后富隆山盘道沟;中侏罗世海房沟组。[注:此标本被 Kimura 等(1994)定为 *Pankuangia haifanggouensis* Kimura,Ohana,Zhao et Geng;后被郑少林等(2003)定为 *Anomozamites haifanggouensis* (Kimura,Ohana,Zhao et Geng) Zheng et Zhang]

△侏罗木兰属 Genus *Juramagnolia* Pan,1983(裸名)

1983 潘广,1520 页。(中文)

1984 潘广,959 页。(英文)

1993a 吴向午,163,249 页。

1993b 吴向午,508,514 页。

模式种:(没有种名)

分类位置:"原始被子植物类群"("primitive angiosperms")

侏罗木兰(sp. indet.) *Juramagnolia* sp. indet.

(注:原文仅有属名,没有种名)

1983 *Juramagnolia* sp. indet.,潘广,1520 页;华北燕辽地区东段(45°58′N,120°21′E);中侏罗世海房沟组。(中文)

1984 *Juramagnolia* sp. indet.,潘广,959 页;华北燕辽地区东段(45°58′N,120°21′E);中侏罗世海房沟组。(英文)

△似南五味子属 Genus *Kadsurrites* Pan,1983(裸名)

1983 潘广,1520 页。(中文)

1984 潘广,959 页。(英文)

1993a 吴向午,163,249 页。

1993b 吴向午,508,514 页。

模式种:(没有种名)

分类位置:"原始被子植物类群"("primitive angiosperms")

△似南五味子(sp. indet.) *Kadsurrites* sp. indet.

(注:原文仅有属名,没有种名)

1983 *Kadsurrites* sp. indet.,潘广,1520 页;华北燕辽地区东段(45°58′N,120°21′E);中侏罗世海房沟组。(中文)

1984 *Kadsurrites* sp. indet.,潘广,959 页;华北燕辽地区东段(45°58′N,120°21′E);中侏罗世海房沟组。(英文)

桂叶属 Genus *Laurophyllum* Goeppert,1854

1854 Goeppert,45 页。

1975 郭双兴,418 页。

1993a 吴向午,94 页。

模式种:*Laurophyllum beilschiedioides* Goeppert,1854

分类位置:双子叶植物纲樟科(Lauraceae,Dicotyledoneae)

琼楠型桂叶 *Laurophyllum beilschiedioides* Goeppert,1854

1854 Goeppert,45 页,图版 10,图 65a;图版 11,图 66,68;叶;印度尼西亚爪哇;始新世。

1993a 吴向午,94 页。

桂叶(未定多种) *Laurophyllum* spp.

1975 *Laurophyllum* sp.,郭双兴,418 页,图版 3,图 8,9;叶;西藏日喀则扎西林;晚白垩世日喀则群。

1984 *Laurophyllum* sp.,张志诚,127 页,图版 8,图 1;叶;黑龙江嘉荫;晚白垩世太平林场组。

1993a *Laurophyllum* sp.,吴向午,94 页。

1998 *Laurophyllum* sp.,刘裕生,77 页,图版 4,图 5,6;叶;香港大鹏湾平洲岛;晚白垩世平洲组。

似豆属 Genus *Leguminosites* Bowerbank,1840

1840 Bowerbank,125 页。

1975 郭双兴,418 页。

1993a 吴向午,95 页。

模式种:*Leguminosites subovatus* Bowerbank,1840

分类位置:双子叶植物纲豆科(Leguminosae,Dicotyledoneae)

亚旦形似豆 *Leguminosites subovatus* Bowerbank,1840

1840 Bowerbank,125 页,图版 17,图 1,2;种子;英国肯特郡谢佩岛;始新世。

1993a 吴向午,95 页。

似豆(未定多种) *Leguminosites* spp.

1975 *Leguminosites* sp.,郭双兴,418 页,图版 3,图 1,3;叶;西藏日喀则扎西林;晚白垩世日喀则群。

1979　*Leguminosites* sp.，郭双兴、李浩敏，557 页，图版 1，图 8；叶；吉林珲春；晚白垩世珲春组。

1990　*Leguminosites* sp.，陶君容、张川波，228 页，图版 1，图 11，12；叶；早白垩世大拉子组。

1993a　*Leguminosites* sp.，吴向午，95 页。

2000　*Leguminosites* sp.，郭双兴，236 页，图版 2，图 14；叶；吉林珲春；晚白垩世珲春组。

△连山草属 Genus *Lianshanus* Pan，1983（裸名）

1983　潘广，1520 页。（中文）

1984　潘广，959 页。（英文）

1993a　吴向午，164，249 页。

1993b　吴向午，508，514 页。

模式种：（没有种名）

分类位置："原始被子植物类群"（"primitive angiosperms"）

连山草（sp. indet.）*Lianshanus* sp. indet.

（注：原文仅有属名，没有种名）

1983　*Lianshanus* sp. indet.，潘广，1520 页；华北燕辽地区东段（45°58′N，120°21′E）；中侏罗世海房沟组。（中文）

1984　*Lianshanus* sp. indet.，潘广，959 页；华北燕辽地区东段（45°58′N，120°21′E）；中侏罗世海房沟组。（英文）

△辽宁缘蕨属 Genus *Liaoningdicotis* Pan，1983（裸名）

1983　潘广，1520 页。（中文）

1984　潘广，958 页。（英文）

1993a　吴向午，164，249 页。

1993b　吴向午，508，514 页。

模式种：（没有种名）

分类位置："半被子植物类群"（"hemiangiosperms"）

辽宁缘蕨（sp. indet.）*Liaoningdicotis* sp. indet.

（注：原文仅有属名，没有种名）

1983　*Liaoningdicotis* sp. indet.，潘广，1520 页；华北燕辽地区东段（45°58′N，120°21′E）；中侏罗世海房沟组。（中文）

1984　*Liaoningdicotis* sp. indet.，潘广，958 页；华北燕辽地区东段（45°58′N，120°21′E）；中侏罗世海房沟组。（英文）

△辽西草属 Genus *Liaoxia* Cao et Wu S Q,1998(1997)（中文和英文发表）

［注：此属模式种后被郭双兴、吴向午改（2000）归于买麻藤类（Chlamydopsida）或买麻藤目（Gnetales）的 *Ephedrites* 属，定名为 *Ephedrites chenii*（Cao et Wu S Q）Guo et Wu X W；被吴舜卿（1999）改归于买麻藤目］

1997　曹正尧、吴舜卿，见曹正尧等，1765 页。（中文）

1998　曹正尧、吴舜卿，见曹正尧等，231 页。（英文）

模式种：*Liaoxia chenii* Cao et Wu S Q,1998(1997)

分类位置：单子叶植物纲莎草科（Cyperaceae,Monocotyledoneae）

△陈氏辽西草 *Liaoxia chenii* Cao et Wu S Q,1998(1997)（中文和英文发表）

1997　曹正尧、吴舜卿，见曹正尧等，1765 页，图版 1，图 1－2c；草本植物，花枝；登记号：PB17800,PB17801；正模：PB17800（图版 1，图 1）；标本保存在中国科学院南京地质古生物研究所；辽宁西部北票上园炒米店附近；晚侏罗世义县组下部尖山沟层。（中文）

1998　曹正尧、吴舜卿，见曹正尧等，231 页，图版 1，图 1－2c；草本植物，花枝；登记号：PB17800,PB17801；正模：PB17800（图版 1，图 1）；标本保存在中国科学院南京地质古生物研究所；辽宁西部北票上园炒米店附近；晚侏罗世义县组下部尖山沟层。（英文）

1999　吴舜卿，21 页，图版 14，图 3,3a；图版 15，图 3,3a；草本植物，花枝；辽宁西部北票上园炒米店附近；晚侏罗世义县组下部尖山沟层。

2001　张弥曼（主编），图 162；草本植物，花枝；辽宁西部北票上园炒米店附近；晚侏罗世义县组下部尖山沟层。（中文）

2003　张弥曼（主编），图 241；草本植物，花枝；辽宁西部北票上园炒米店附近；晚侏罗世义县组下部尖山沟层。（英文）

△常氏辽西草 *Liaoxia changii*（Cao et Wu S Q）Wu S Q,1999（中文发表）

1997　*Eragrosites changii* Cao et Wu S Q,曹正尧、吴舜卿，见曹正尧等，1765 页，图版 2，图 1－3；插图 1；草本植物，花枝；辽宁西部北票上园炒米店附近；晚侏罗世义县组下部尖山沟层。（中文）

1998　*Eragrosites changii* Cao et Wu S Q,曹正尧、吴舜卿，见曹正尧等，231 页，图版 2，图 1－3；插图 1；草本植物，花枝；辽宁西部北票上园炒米店附近；晚侏罗世义县组下部尖山沟层。（英文）

1999　吴舜卿，21 页，图版 15，图 1,4；草本植物，花枝；辽宁西部北票上园炒米店附近；晚侏罗世义县组下部尖山沟层。

△似百合属 Genus *Lilites* Wu S Q,1999（中文发表）

［注：此属模式种被孙革、郑少林改归于松柏类的 *Podocarpites* 属，并定名为 *Podocarpites reheensis*（Wu S Q）Sun et Zheng（孙革等,2001）］

1999　吴舜卿，23 页。（中文）

模式种:*Lilites reheensis* Wu S Q,1999

分类位置:单子叶植物纲百合科(Liliaceae,Monocotyledoneae)

△热河似百合 *Lilites reheensis* **Wu S Q,1999**(中文发表)

1999　吴舜卿,23页,图版18,图1,1a,2,4,5,7,7a,8A;枝叶和果实;采集号:AEO-11,AEO-134,AEO-158,AEO-219,AEO-245,AEO-246;登记号:PB18327 — PB18332;合模1:PB18327(图版18,图1),合模2:PB18330(图版18,图5);标本保存在中国科学院南京地质古生物研究所;辽宁西部北票上园黄半吉沟;晚侏罗世义县组下部尖山沟层。[注:依据《国际植物命名法规》《维也纳法规》)第37.2条,1958年起,模式标本只能是1块标本]

2001　张弥曼(主编),图169,170;枝叶和果实;辽宁西部北票上园黄半吉沟;晚侏罗世义县组下部尖山沟层。(中文)

2003　张弥曼(主编),图245,246;枝叶和果实;辽宁西部北票上园黄半吉沟;晚侏罗世义县组下部尖山沟层。(英文)

△龙井叶属 Genus *Longjingia* **Sun et Zheng,2000**(MS)

2000　孙革、郑少林,见孙革等,图版4,图5,6。

模式种:*Longjingia gracilifolia* Sun et Zheng,2000(MS)

分类位置:双子叶植物纲(Dicotyledoneae)

△细叶龙井叶 *Longjingia gracilifolia* **Sun et Zheng,2000**(MS)

2000　孙革、郑少林,见孙革等,图版4,图5,6;叶;吉林龙井智新大拉子;早白垩世大拉子组。

马克林托叶属 Genus *Macclintockia* **Heer,1866**

1866　Heer,277页。

1868　Heer,115页。

1984　张志诚,121页。

1993a 吴向午,98页。

模式种:*Macclintockia dentata* Heer,1866

分类位置:双子叶植物纲山龙眼科(Protiaceae,Dicotyledoneae)

齿状马克林托叶 *Macclintockia dentata* **Heer,1866**

1866　Heer,277页。

1868　Heer,115页,图版15,图3,4;叶;格陵兰岛;中新世。

1993a 吴向午,98页。

三脉马克林托叶(比较种) *Macclintockia* **cf.** *trinervis* **Heer**

1984　张志诚,121页,图版2,图10,13,14;图版5,图5;叶;黑龙江嘉荫太平林场;晚白垩世太平林场组。

1993a 吴向午,98 页。

似蝙蝠葛属 Genus *Menispermites* Lesquereux,1874

1874　Lesquereux,94 页。

1986a,b　陶君容、熊宪政,123 页。

1993a 吴向午,101 页。

模式种:*Menispermites obtsiloba* Lesquereux,1874

分类位置:双子叶植物纲(Dicotyledoneae)

钝叶似蝙蝠葛 *Menispermites obtsiloba* Lesquereux,1874

1874　Lesquereux,94 页,图版 25,图 1,2;图版 26,图 3;叶;美国内布拉斯加哈克堡南部;白
　　　 垩纪。

1986a,b　陶君容、熊宪政,123 页,图版 9,图 1,2;图版 15,图 1;叶;黑龙江嘉荫;晚白垩世乌
　　　 云组。

1993a 吴向午,101 页。

久慈似蝙蝠葛 *Menispermites kujiensis* Tanai,1979

1979　Tanai,107 页,图版 11,图 3;图版 12,图 1,2;插图 4－6;叶;日本久慈;晚白垩世
　　　 Sawayama 组。

1986a,b　陶君容、熊宪政,123 页,图版 13,图 1;叶;黑龙江嘉荫;晚白垩世乌云组。

1993a 吴向午,101 页。

波托马克似蝙蝠葛? *Menispermites potomacensis*? Berry

1995a 李星学(主编),图版 144,图 2;叶;吉林龙井智新大拉子;早白垩世大拉子组。(中文)

1995b 李星学(主编),图版 144,图 2;叶;吉林龙井智新大拉子;早白垩世大拉子组。(英文)

2000　孙革等,图版 4,图 2;叶;吉林龙井智新大拉子;早白垩世大拉子组。

单子叶属 Genus *Monocotylophyllum* Reid et Chandler,1926

1926　Reid,Chandler,见 Reid,Chandler,Groves,87 页。

1984　郭双兴,89 页。

1993a 吴向午,102 页。

模式种:*Monocotylophyllum* sp.,Reid et Chandler,1926

分类位置:单子叶植物纲(Monocotyledoneae)

单子叶(未定种) *Monocotylophyllum* sp.

1926　*Monocotylophyllum* sp.,Reid,Chandler,见 Reid,Chandler,Groves,87 页,图版 5,图 12;
　　　 叶;英国怀特岛;渐新世。

单子叶(未定多种) *Monocotylophyllum* spp.

1984　*Monocotylophyllum* sp.,郭双兴,89 页,图版 1,图 4a;叶;黑龙江杜尔伯达;晚白垩世青山口组上部。

1993a　*Monocotylophyllum* sp.,吴向午,102 页。

芭蕉叶属 Genus *Musophyllum* Goeppert,1854

1854　Goeppert,39 页。

2000　郭双兴,239 页。

模式种:*Musophyllum truncatum* Goeppert,1854

分类位置:双子叶植物纲芭蕉科(Musaceae,Dicotyledoneae)

截形芭蕉叶 *Musophyllum truncatum* Goeppert,1854

1853　Goeppert,434 页。(裸名)

1854　Goeppert,39 页,图版 7,图 47;叶;印度尼西亚爪哇;始新世。

2000　郭双兴,239 页。

芭蕉叶(未定种) *Musophyllum* sp.

2000　*Musophyllum* sp.,郭双兴,239 页,图版 6,图 7;叶;吉林珲春;晚白垩世珲春组。

桃金娘叶属 Genus *Myrtophyllum* Heer,1869

1867　Heer,22 页。

2000　郭双兴,238 页。

模式种:*Myrtophyllum geinitzi* Heer,1869

分类位置:双子叶植物纲桃金娘科(Myrtaceae,Dicotyledoneae)

盖尼茨桃金娘叶 *Myrtophyllum geinitzi* Heer,1869

1867　Heer,22 页,图版 11,图 3,4;叶;捷克斯洛伐克摩拉维亚;晚白垩世。

2000　郭双兴,238 页。

平子桃金娘叶 *Myrtophyllum penzhinense* Herman,1987

1987　Herman,99 页,图版 10,图 1-3,插图 2;叶;捷克斯洛伐克摩拉维亚;晚白垩世。

2000　郭双兴,238 页,图版 2,图 1,2,5;叶;吉林珲春;晚白垩世珲春组。

桃金娘叶(未定种) *Myrtophyllum* sp.

1998　*Myrtophyllum* sp.,刘裕生,76 页,图版 4,图 9,10,13;叶;香港大鹏湾平洲岛;晚白垩世平洲组。

香南属 Genus *Nectandra* Roland

1979　郭双兴,228 页。

1993a　吴向午,104 页。

模式种:(现代属)

分类位置:双子叶植物纲樟科(Lauraceae,Dicotyledoneae)

△广西香南 *Nectandra guangxiensis* Guo,1979

1979　郭双兴,228 页,图版 1,图 6,15;叶;采集号:KY5;登记号:PB6917;正模:PB6917(图版 1,图 6);标本保存在中国科学院南京地质古生物研究所;广西邕宁那楼那晓村;晚白垩世把里组。

1993a　吴向午,104 页。

细脉香南 *Nectandra prolifica* Berry

1979　郭双兴,图版 1,图 12,13;叶;广西邕宁那楼那晓村;晚白垩世把里组。

1993a　吴向午,104 页。

落登斯基果属 Genus *Nordenskioldia* Heer,1870

1870　Heer,65 页。

1984　张志诚,127 页。

1993a　吴向午,107 页。

模式种:*Nordenskioldia borealis* Heer,1870

分类位置:双子叶植物纲椴树科?(Filiaceae?,Dicotyledoneae)

北方落登斯基果 *Nordenskioldia borealis* Heer,1870

1870　Heer,65 页,图版 7,图 1－13;果实;挪威斯匹茨卑尔根国王湾;中新世。

1993a　吴向午,107 页。

北方落登斯基果(比较种) *Nordenskioldia* cf. *borealis* Heer,1870

1984　张志诚,127 页,图版 7,图 1;果实;黑龙江嘉荫;晚白垩世太平林场组。

1993a　吴向午,107 页。

似睡莲属 Genus *Nymphaeites* Sternberg,1825

1825(1822－1838)　Sternberg,xxxix 页。

1986a,b　陶君容、熊宪政,123 页。

1993a　吴向午,107 页。

模式种:*Nymphaeites arethusae* (Brongniart) Sternberg,1825

分类位置:双子叶植物纲睡莲科(Nymphaeaceae,Dicotyledoneae)

泉女兰似睡莲 *Nymphaeites arethusae* (Brongniart) Sternberg,1825

1822　*Nymphaeites arethusae* Brongniart,332 页,图版 6,图 9;果实;法国巴黎(Lonjumeau);
第三纪。

1825(1822－1838)　Sternberg,xxxix 页。

1986a,b　陶君容、熊宪政,123 页。

1993a　吴向午,107 页。

布朗似睡莲 *Nymphaeites browni* Dorf,1942

1942　Dorf,142 页,图版 10,图 9;叶;北美。

1986a,b　陶君容、熊宪政,123 页,图版 8,图 5;叶;黑龙江嘉荫;晚白垩世乌云组。

1993a　吴向午,107 页。

△似兰属 Genus *Orchidites* Wu S Q,1999(中文发表)

1999　吴舜卿,23 页。

模式种:*Orchidites linearifolius* Wu S Q,1999(注:原文未指定模式种)

分类位置:单子叶植物纲兰科(Orchidaceae,Monocotyledoneae)

△线叶似兰 *Orchidites linearifolius* Wu S Q,1999(中文发表)

1999　吴舜卿,23 页,图版 16,图 7;图版 17,图 1－3;草本,枝叶;采集号:AEO-29,AEO-104,
AEO-123;登记号:PB18321,PB18324,PB18325;标本保存在中国科学院南京地质古生
物研究所;辽宁西部北票上园黄半吉沟;晚侏罗世义县组下部尖山沟层。(注:1. 原文
未指定模式种,本书暂把原文列在第一的种作为模式种编录;2. 原文未指定种的模式
标本)

2003　张弥曼(主编),图 257;草本,枝叶;辽宁西部北票上园黄半吉沟;晚侏罗世义县组下部
尖山沟层。(英文)

△披针叶似兰 *Orchidites lancifolius* Wu S Q,1999(中文发表)

1999　吴舜卿,23 页,图版 17,图 4,4a;草本,枝叶;采集号:AEO196;登记号:PB18326;标本
保存在中国科学院南京地质古生物研究所;辽宁西部北票上园黄半吉沟;晚侏罗世义
县组下部尖山沟层。

2001　张弥曼(主编),图 171;草本,枝叶;辽宁西部北票上园黄半吉沟;晚侏罗世义县组下部
尖山沟层。(中文)

2003　张弥曼(主编),图 258;草本,枝叶;辽宁西部北票上园黄半吉沟;晚侏罗世义县组下部
尖山沟层。(英文)

酢浆草属 Genus *Oxalis*

1999　冯广平等,265 页。

模式种:（现代属）

分类位置:双子叶植物纲酢浆草科(Oxalidaceae,Dicotyledoneae)

△嘉荫酢浆草 *Oxalis jiayinensis* Feng,Liu,Song et Ma,1999（英文发表）

1999　冯广平等,265 页,图版 1,图 1－11;种子;正模:CBP9400(图版 1,图 1);标本保存在中国
　　　科学院植物研究所中国植物历史自然博物馆;黑龙江嘉荫永安村;晚白垩世永安村组。

马甲子属 Genus *Paliurus* Tourn. et Mill

1990a　潘广,2 页。（中文）

1990b　潘广,63 页。（英文）

1993a　吴向午,111 页。

模式种:（现代属）

分类位置:双子叶植物纲鼠李科(Rhamnaceae,Dicotyledoneae)

△中华马甲子 *Paliurus jurassinicus* Pan,1990

1990a　潘广,2 页,图版 1,图 1－1b;插图 1a,1b;果核;标本号:LSJ0743A,LSJ0743B;正模:
　　　LSJ0743A,LSJ0743B(图版 1,图 1,1a ,1b);华北燕辽地区东段(45°58′N,120°21′E);中
　　　侏罗世。（中文）

1990b　潘广,63 页,图版 1,图 1,1a,1b;插图 1a,1b;果核;标本号:LSJ0743A,LSJ0743B;正模:
　　　LSJ0743A,LSJ0743B(图版 1,图 1,1a,1b);华北燕辽地区东段(45°58′N,120°21′E);中
　　　侏罗世。（英文）

1993a　吴向午,111 页。

泡桐属 Genus *Paulownia* Sieb. et Zucc.,1835

1980　张志诚,338 页。

1993a　吴向午,112 页。

模式种:（现代属）

分类位置:双子叶植物纲玄参科(Scrophulariaceae,Dicotyledoneae)

△尚志? 泡桐 *Paulownia? shangzhiensis* Zhang,1980

1980　张志诚,338 页,图版 210,图 5;叶;登记号:D630;标本保存在沈阳地质矿产研究所;黑
　　　龙江尚志费家街;晚白垩世孙吴组。

1993a　吴向午,112 页。

柊叶属 Genus *Phrynium* Loefl., 1788

1982　耿国仓、陶君容,121 页。

1993a　吴向午,114 页。

模式种:(现代属)

分类位置:单子叶植物纲竹芋科(Marantaceae,Monocotyledoneae)

△西藏柊叶 *Phrynium tibeticum* Geng, 1982

1982　耿国仓,见耿国仓、陶君容,121 页,图版 9,图 5;图版 10,图 1;叶;标本号:51874,
　　　51881a,51881b,51904;西藏日喀则东嘎;晚白垩世—始新世秋乌组;西藏噶尔门士;晚
　　　白垩世—始新世门士组。(注:原文未指定模式标本)

1993a　吴向午,114 页。

石叶属 Genus *Phyllites* Brongniart, 1822

1822　Brongniart,237 页。

1978　杨学林等,图版 2,图 8。

1993a　吴向午,115 页。

模式种:*Phyllites populina* Brongniart,1822

分类位置:双子叶植物纲(Dicotyledoneae)

白杨石叶 *Phyllites populina* Brongniart, 1822

1822　Brongniart,237 页,图版 14,图 4;叶;瑞士厄辛根;中新世。

1993a　吴向午,115 页。

石叶(未定多种) *Phyllites* spp.

1978　*Phyllites* sp.,杨学林等,图版 2,图 8;叶;吉林蛟河杉松;早白垩世磨石砬子组。

1980　*Phyllites* sp.,李星学、叶美娜,图版 5,图 6;叶;吉林蛟河杉松;早白垩世磨石砬子组。

1986　*Phyllites* sp.,李星学等,43 页,图版 44,图 2;叶;吉林蛟河杉松;早白垩世磨石砬
　　　子组。

1993a　*Phyllites* sp.,吴向午,115 页。

1998　*Phyllites* sp. 2,刘裕生,74 页,图版 4,图 3;叶;香港平洲岛;晚白垩世平洲组。

1998　*Phyllites* sp. 3,刘裕生,74 页,图版 5,图 1;叶;香港平洲岛;晚白垩世平洲组。

?石叶(未定种) ?*Phyllites* sp.

1998　?*Phyllites* sp. 1,刘裕生,74 页,图版 1,图 1;叶;香港鹏湾平洲岛;晚白垩世平洲组。

普拉榆属 Genus *Planera* Gmel. J F

1986a,b 陶君容、熊宪政,125 页。

1993a 吴向午,119 页。

模式种:(现代属)

分类位置:双子叶植物纲榆科(Ulmaceae,Dicotyledoneae)

小叶普拉榆(比较种) *Planera* cf. *microphylla* Newberry

1986a,b 陶君容、熊宪政,125 页,图版 5,图 5;叶;黑龙江嘉荫;晚白垩世乌云组。

1993a 吴向午,119 页。

悬铃木叶属 Genus *Platanophyllum* Fontaine,1889

1889   Fontaine,316 页。

1980   陶君容、孙湘君,76 页。

1993a 吴向午,119 页。

模式种:*Platanophyllum crossinerve* Fontaine,1889

分类位置:双子叶植物纲悬铃木科(Platanaceae,Dicotyledoneae)

叉脉悬铃木叶 *Platanophyllum crossinerve* Fontaine,1889

1889   Fontaine,316 页,图版 158,图 5;叶;美国弗吉尼亚波托马克;早白垩世波托马克群。

1993a 吴向午,119 页。

悬铃木叶(未定种) *Platanophyllum* sp.

1980   *Platanophyllum* sp.,陶君容、孙湘君,76 页,图版 2,图 1;叶;黑龙江林甸;早白垩世泉头组。

1993a *Platanophyllum* sp.,吴向午,119 页。

悬铃木属 Genus *Platanus* Linné,1753

1976   张志诚,202 页。

1993a 吴向午,119 页。

模式种:(现代属)

分类位置:双子叶植物纲悬铃木科(Platanaceae,Dicotyledoneae)

附属悬铃木 *Platanus appendiculata* Lesquereux,1878

1878   Lesquereux,12 页,图版 3,图 1-6;图版 6,图 7a。

1994   郑少林、张莹,759 页,图版 4,图 1-4;叶;东北松辽盆地安达;早白垩世晚期泉头组 3 段。

楔形悬铃木 *Platanus cuneifolia* **Bronn**

1952　Vachrameev,205 页,图版 16,图 6;图版 17,图 1－5;图版 18,图 1;图版 19,1－3;图版 20,图 4;插图 44－46。

1976　*Platanus cuneifolia* (Bronn) Vachrameev,张志诚,202 页,图版 104,图 11;叶;内蒙古苏尼特左旗;晚白垩世二连达布苏组。

1993a　吴向午,119 页。

1994　郑少林、张莹,760 页,图版 4,图 6－9;叶;东北松辽盆地安达;早白垩世晚期泉头组 4 段。

楔形悬铃木(比较种) *Platanus* **cf.** *cuneifolia* **Bronn**

1984　王自强,294 页,图版 154,图 14;叶;山西左云;晚白垩世助马堡组。

△密脉悬铃木 *Platanus densinervis* **Zhang,1984**

1984　张志诚,122 页,图版 3,图 1;叶;登记号:MH1064;正模:MH1064(图版 3,图 1);标本保存在沈阳地质矿产研究所;黑龙江嘉荫;晚白垩世太平林场组。

纽贝里悬铃木(比较种) *Platanus* **cf.** *newberryana* **Heer**

1980　张志诚,315 页,图版 193,图 2,3;叶;黑龙江牡丹江;早白垩世猴石沟组。

假奎列尔悬铃木 *Platanus pseudoguillemae* **Krasser,1896**

1896　Krasser,139 页,图版 14,图 2。

1981　张志诚,156 页,图版 2,图 1,2;叶;黑龙江牡丹江;早白垩世猴石沟组。

瑞氏悬铃木 *Platanus raynoldii* **Newberry**

1980　张志诚,315 页,图版 199,图 3;叶;黑龙江尚志费家街;晚白垩世孙吴组。

瑞氏"悬铃木" *"Platanus" raynoldii* **Newberry**

1984　张志诚,124 页,图版 8,图 8b,9;叶;黑龙江嘉荫;晚白垩世太平林场组。

瑞氏? 悬铃木 *Platanus? raynoldii* **Newberry**

1990　张莹等,240 页,图版 2,图 9a,10;叶;黑龙江汤原;晚白垩世富饶组。

北方悬铃木 *Platanus septentrioalis* **Hollick,1930**

1930　Hollick,84 页,图版 47,图 1,2;图版 48,图 2－4;图版 49,图 1;叶;美国阿拉斯加;晚白垩世 Kaltag 组。

1984　郭双兴,87 页,图版 1,图 9;叶;吉林前郭尔罗斯重新乡;晚白垩世泉头组。

△中华悬铃木 *Platanus sinensis* **Zhang,1984**

1984　张志诚,123 页,图版 3,图 2;图版 4,图 1,2,4;图版 6,图 2－5;图版 7,图 7,8a;图版 8,图 2;叶;登记号:MH1066－MH1069,MH1071－MH1075,MH1080;正模:MH1066(图版 8,图 2);标本保存在沈阳地质矿产研究所;黑龙江嘉荫;晚白垩世太平林场组。

1995a　李星学(主编),图版 118,图 7;图版 119,图 1;图版 122,图 6;叶;黑龙江嘉荫;晚白垩世太平林场组。(中文)

1995b　李星学(主编),图版 118,图 7;图版 119,图 1;图版 122,图 6;叶;黑龙江嘉荫;晚白垩世太平林场组。(英文)

△亚显赫悬铃木 *Platanus subnoblis* **Zhang,1981**

1981 张志诚,156 页,图版 1,图 4;叶;登记号:MPH10057;正模:MPH10057(图版 1,图 4);
标本保存在沈阳地质矿产研究所;黑龙江牡丹江;早白垩世猴石沟组。

悬铃木(未定多种) *Platanus* spp.

1981 *Platanus* sp.,张志诚,156 页,图版 1,图 1,2,5;图版 2,图 3;叶;黑龙江牡丹江;早白垩
世猴石沟组。

1984 *Platanus* sp.,张志诚,124 页,图版 4,图 6;叶;黑龙江嘉荫太平林场;晚白垩世太平林场
组。

1984 *Platanus* sp.,王喜富,300 页,图版 176,图 11;叶;河北万全洗马林;晚白垩世土井子组。

2000 *Platanus* sp.,孙革等,图版 5,图 1—10;叶;黑龙江七台河;晚白垩世 Jisha 组下部。

△似远志属 Genus *Polygatites* **Pan,1983**(裸名)

1983 潘广,1520 页。(中文)

1984 潘广,959 页。(英文)

1993a 吴向午,163,250 页。

1993b 吴向午,508,517 页。

模式种:(没有种名)

分类位置:"原始被子植物类群"("primitive angiosperms")

△似远志(sp. indet.) *Polygatites* sp. indet.

(注:原文仅有属名,没有种名)

1983 *Polygatites* sp. indet.,潘广,1520 页;华北燕辽地区东段(45°58′N,120°21′E);中侏罗
世海房沟组。(中文)

1984 *Polygatites* sp. indet.,潘广,959 页;华北燕辽地区东段(45°58′N,120°21′E);中侏罗世
海房沟组。(英文)

似蓼属 Genus *Polygonites* **Saporta,1865**(non Wu S Q,1999)

1865 Saporta,92 页。

1970 Andrews,167 页。

模式种:*Polygonites ulmaceus* Saporta,1865

分类位置:单子叶植物纲蓼科(Polygonaceae,Monocotyledoneae)

榆科似蓼 *Polygonites ulmaceus* **Saporta,1865**

1865 Saporta,92 页,图版 3,图 14;翅果;法国(St. -Jean-Garguier,France);第三纪。

1970 Andrews,167 页。

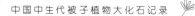

△似蓼属 Genus *Polygonites* Wu S Q, 1999 (non Saporta, 1865) (中文发表)

（注：此属名为 *Polygonites* Saporta, 1865 的晚出同名）

1999　吴舜卿, 23 页。

模式种：*Polygonites polyclonus* Wu S Q, 1999 (注：原文未指定模式种, 本书暂把原文列在第一的种作为模式种编录)

分类位置：单子叶植物纲蓼科 (Polygonaceae, Monocotyledoneae)

△多小枝似蓼 *Polygonites polyclonus* Wu S Q, 1999 (中文发表)

1999　吴舜卿, 23 页, 图版 16, 图 4, 4a；图版 19, 图 1, 1a, 3A, 4, 4a；茎枝, 营养枝；采集号：AEO-169 — AEO-171, AEO-211；登记号：PB18319, PB18335 — PB18337；正模：PB18337 (图版 19, 图 4)；标本保存在中国科学院南京地质古生物研究所；辽宁西部北票上园黄半吉沟；晚侏罗世义县组下部尖山沟层。

△扁平似蓼 *Polygonites planus* Wu S Q, 1999 (中文发表)

1999　吴舜卿, 24 页, 图版 19, 图 2；营养枝；采集号：AEO-122；登记号：PB18338；标本保存在中国科学院南京地质古生物研究所；辽宁西部北票上园黄半吉沟；晚侏罗世义县组下部尖山沟层。

似杨属 Genus *Populites* Viviani, 1833 (non Goeppert, 1852)

1833　Viviani, 133 页。

1970　Andrews, 169 页。

1993a　吴向午, 121 页。

模式种：*Populites phaetonis* Viviani, 1833

分类位置：双子叶植物纲杨柳科 (Salicaceae, Dicotyledoneae)

蝴蝶状似杨 *Populites phaetonis* Viviani, 1833

1833　Viviani, 133 页, 图版 10, 图 2 (?)；叶；意大利帕维亚；第三纪。

1970　Andrews, 169 页。

1993a　吴向午, 121 页。

似杨属 Genus *Populites* Goeppert, 1852 (non Viviani, 1833)

（注：此属为 *Populites* Viviani, 1833 的晚出同名）

1852　Goeppert, 276 页。

1970　Andrews, 169 页。

1993a　吴向午, 121 页。

模式种：*Populites platyphyllus* Goeppert，1852

分类位置：双子叶植物纲杨柳科（Salicaceae，Dicotyledoneae）

宽叶似杨 *Populites platyphyllus* Goeppert，1852

1852　Goeppert，276页，图版35，图5；叶；俄罗斯西里西亚（Stroppen）；第三纪。

1970　Andrews，169页。

1993a　吴向午，121页。

争论似杨 *Populites litigiosus*（Heer）Lesquereux，1892

1892　Lesquereux，47页，图版7，图7；叶；美国；晚白垩世Dakota组。

1995a　李星学（主编），图版122，图7；叶；吉林珲春二道沟；晚白垩世二道沟组。（中文）

1995b　李星学（主编），图版122，图7；叶；吉林珲春二道沟；晚白垩世二道沟组。（英文）

2000　郭双兴，231页，图版4，图18，20；图版7，图11，13；叶；吉林珲春；晚白垩世珲春组。

争论似杨（比较种）*Populites* cf. *litigiosus*（Heer）Lesquereux

1979　郭双兴、李浩敏，553页，图版1图5；叶；吉林珲春；晚白垩世珲春组。［注：此标本后改定为 *Populites litigiosus*（Heer）Lesquereux（郭双兴，2000）］

1993a　吴向午，121页。

杨属 Genus *Populus* Linné，1753

1975　郭双兴，413页。

1993a　吴向午，121页。

模式种：（现代属）

分类位置：双子叶植物纲杨柳科（Salicaceae，Dicotyledoneae）

鲜艳叶杨 *Populus carneosa*（Newberry）Bell，1949

1949　Bell，55页，图版35，图1－3；图版36，图1－6；叶；加拿大阿尔伯达西部；古新世Paskapoo组。

1986a，b　陶君容、熊宪政，127页，图版10，图1；叶；黑龙江嘉荫；晚白垩世乌云组。

宽叶杨 *Populus latior* Al. Braun，1837

1837　Al. Braun，512页。

1975　郭双兴，413页，图版1，图2，3，3a；叶；西藏日喀则恰布林；晚白垩世日喀则群。

1993a　吴向午，121页。

波托马克"杨" *"Populus"potomacensis* Ward

2005　张光富，图版2，图8；叶；吉林；早白垩世大拉子组。

杨（未定种）*Populus* sp.

1975　*Populus* sp.，郭双兴，414页，图版1，图4，5；叶；西藏日喀则恰布林；晚白垩世日喀则群。

眼子菜属 Genus *Potamogeton* Linné, 1753

1935　Yabe, Endo, 274 页。

1963　斯行健、李星学等, 369 页。

1993a　吴向午, 121 页。

模式种:(现代属)

分类位置:单子叶植物纲眼子菜科(Potamogetonaceae, Monocotyledoneae)

△热河眼子菜 *Potamogeton jeholensis* Yabe et Endo, 1935

1935　Yabe, Endo, 274 页, 图 1, 2, 5; 枝叶; 河北凌源(热河); 早白垩世(?)狼鳍鱼层。[注: 此标本后改定为 *Potamogeton*? *jeholensis* Yabe et Endo(斯行健、李星学等, 1963)和 *Ranunculus jeholensis* (Yabe et Endo) Miki(Miki, 1964)]

1950　Oishi, 130 页, 图版 40, 图 4; 枝叶; 辽宁凌源; 晚侏罗世阜新统。

1993a　吴向午, 121 页。

热河? 眼子菜 *Potamogeton*? *jeholensis* Yabe et Endo

1963　斯行健、李星学等, 369 页, 图版 105, 图 3 — 5(＝Yabe, Endo, 1935, 274 页, 图 1, 2, 5); 枝叶; 河北凌源; 中—晚侏罗世。

1980　张志诚, 310 页, 插图 210; 枝叶; 辽宁凌源; 早白垩世九佛堂组。

1984　王自强, 295 页, 图版 157, 图 18, 19; 叶; 北京西山; 晚白垩世夏庄组。

眼子菜(未定种) *Potamogeton* sp.

1935　*Potamogeton* sp., Yabe, Endo, 276 页, 图 3, 4; 枝叶; 河北凌源; 早白垩世(?)狼鳍鱼层。[注: 此标本后改定为 *Potamogeton*? sp. (斯行健、李星学等, 1963)]

眼子菜?(未定种) *Potamogeton*? sp.

1963　*Potamogeton*? sp., 斯行健、李星学等, 369 页, 图版 105, 图 6, 6a; 枝叶; 河北凌源; 中—晚侏罗世。

元叶属 Genus *Protophyllum* Lesquereux, 1874

[注: 或译原始叶属(陶君容、熊宪政, 1986a, b)]

1874　Lesquereux, 101 页。

1979　郭双兴、李浩敏, 554 页。

1993a　吴向午, 122 页。

模式种:*Protophyllum sternbergii* Lesquereux, 1874

分类位置:双子叶植物纲(Dicotyledoneae)

司腾伯元叶 *Protophyllum sternbergii* Lesquereux, 1874

1874　Lesquereux, 101 页, 图版 16; 图版 17, 图 2; 叶; 美国内布拉斯加哈克堡南部; 白垩纪。

1993a 吴向午,122 页。

△心形元叶 *Protophyllum cordifolium* Guo et Li,1979

1979 郭双兴、李浩敏,555 页,图版 3,图 6,7;图版 4,图 3,4,6,7;叶;采集号:Ⅱ-16,Ⅱ-24,Ⅱ-37,Ⅱ-40,Ⅱ-53a;登记号:PB7455－PB7460;正模:PB7455(图版 4,图 4);副模:PB7456－PB7460(图版 3,图 6,7;图版 4,图 3,6,7);标本保存在中国科学院南京地质古生物研究所;吉林珲春;晚白垩世珲春组。[注:此标本后改定为 *Protophyllum multinerve* Lesquereux(郭双兴,2000)]

1990 张莹等,242 页,图版 1,图 8;叶;黑龙江汤原;晚白垩世富饶组。

1993a 吴向午,122 页。

1995a 李星学(主编),图版 120,图 4;叶;吉林珲春二道沟;晚白垩世二道沟组。(中文)

1995b 李星学(主编),图版 120,图 4;叶;吉林珲春二道沟;晚白垩世二道沟组。(英文)

海旦元叶 *Protophyllum haydenii* Lesquereux,1874

1874 Lesquereux,106 页,图版 17,图 3;叶;美国内布拉斯加;白垩纪。

1979 郭双兴、李浩敏,555 页,图版 2,图 3;叶;吉林珲春;晚白垩世珲春组。

1993a 吴向午,122 页。

1995a 李星学(主编),图版 122,图 2,3;叶;吉林珲春二道沟;晚白垩世二道沟组。(中文)

1995b 李星学(主编),图版 122,图 2,3;叶;吉林珲春二道沟;晚白垩世二道沟组。(英文)

海旦元叶(比较种)*Protophyllum* cf. *haydenii* Lesquereux

1986a,b 陶君容,见陶君容、熊宪政,125 页,图版 11,图 1;图版 14,图 6;叶;黑龙江嘉荫;晚白垩世乌云组。

△小元叶 *Protophyllum microphyllum* Guo et Li,1979

1979 郭双兴、李浩敏,555 页,图版 2,图 7,8;图版 3,图 5;图版 4,图 8;叶;采集号:Ⅱ-39,Ⅱ-54b,Ⅱ-58,Ⅱ-61;登记号:PB7464－PB7467;正模:PB7464(图版 3,图 5);副模:PB7465－PB7467(图版 2,图 7,8;图版 4,图 8);标本保存在中国科学院南京地质古生物研究所;吉林珲春;晚白垩世珲春组。[注:此标本后改定为 *Protophyllum multinerve* Lesquereux(郭双兴,2000)]

1993a 吴向午,122 页。

1995a 李星学(主编),图版 122,图 1,5;叶;吉林珲春二道沟;晚白垩世二道沟组。(中文)

1995b 李星学(主编),图版 122,图 1,5;叶;吉林珲春二道沟;晚白垩世二道沟组。(英文)

多脉元叶 *Protophyllum multinerve* Lesquereux,1874

1874 Lesquereux,105 页,图版 18,图 1;叶;美国内布拉斯加哈克堡南部;白垩纪。

1979 郭双兴、李浩敏,554 页,图版 2,图 1,2;叶;吉林珲春;晚白垩世珲春组。

1993a 吴向午,122 页。

1995a 李星学(主编),图版 120,图 2;图版 121,图 3,5;叶;吉林珲春二道沟;晚白垩世二道沟组。(中文)

1995b 李星学(主编),图版 120,图 2;图版 121,图 3,5;叶;吉林珲春二道沟;晚白垩世二道沟组。(英文)

2000 郭双兴,235 页,图版 3,图 1－3,5,8,9;图版 4,图 1,3,11,12,15;图版 5,图 1,2,4－7;图版 8,图 9;叶;吉林珲春;晚白垩世珲春组。

△卵形元叶 *Protophyllum ovatifolium* Guo et Li,1979（non Tao,1986）

1979 郭双兴、李浩敏,556 页,图版 4,图 9,10;叶;采集号:Ⅱ-30,Ⅱ-78;登记号:PB7468,
PB7469;正模:PB7468(图版 4,图 9);副模:PB7469(图版 4,图 10);标本保存在中国科
学院南京地质古生物研究所;吉林珲春;晚白垩世珲春组。〔注:此标本后改定为
Protophyllum multinerve Lesquereux(郭双兴,2000)〕

1993a 吴向午,122 页。

1995a 李星学(主编),图版 119,图 2;叶;吉林珲春二道沟;晚白垩世二道沟组。(中文)

1995b 李星学(主编),图版 119,图 2;叶;吉林珲春二道沟;晚白垩世二道沟组。(英文)

△卵形元叶 *Protophyllum ovatifolium* Tao,1986(non Guo et Li,1979)

1986a,b 陶君容,见陶君容、熊宪政,124 页,图版 13,图 2,3;叶;标本号:52163a,52566;黑龙
江嘉荫;晚白垩世乌云组。(注:原文未指定模式标本)

△肾形元叶 *Protophyllum renifolium* Guo et Li,1979

1979 郭双兴、李浩敏,556 页,图版 4,图 1,2;叶;采集号:Ⅱ-12,Ⅱ-76;登记号:PB7470,
PB7471;正模:PB7470(图版 4,图 1);副模:PB7471(图版 4,图 2);标本保存在中国科学
院南京地质古生物研究所;吉林珲春;晚白垩世珲春组。〔注:此标本后改定为
Protophyllum multinerve Lesquereux(郭双兴,2000)〕

1990 张莹等,243 页,图版 1,图 7,9,10;图版 3,图 10;叶;黑龙江汤原;晚白垩世富饶组。

1993a 吴向午,122 页。

△圆形元叶 *Protophyllum rotundum* Guo et Li,1979

1979 郭双兴、李浩敏,556 页,图版 2,图 4－6;图版 4,图版 3,4,6,7;叶;采集号:Ⅱ-44,
Ⅱ-46,Ⅱ-47;登记号:PB7472－PB7474;正模:PB7472,PB7473(图版 2,图 4);副模:
PB7473,PB7474(图版 2,图 3,4);标本保存在中国科学院南京地质古生物研究所;吉林
珲春;晚白垩世珲春组。〔注:此标本后改定为 *Protophyllum multinerve* Lesquereux
(郭双兴,2000)〕

1993a 吴向午,122 页。

1995a 李星学(主编),图版 121,图 4;图版 122,图 4;叶;吉林珲春二道沟;晚白垩世二道沟组。
(中文)

1995b 李星学(主编),图版 121,图 4;图版 122,图 4;叶;吉林珲春二道沟;晚白垩世二道沟组。
(英文)

△波边元叶 *Protophyllum undulotum* Tao,1980

1980 陶君容,见陶君容、孙湘君,76 页,图版 1,图 5;插图 1;叶;标本号:52127,52166;标本保
存在中国科学院植物研究所;黑龙江林甸;早白垩世泉头组。

△乌云元叶 *Protophyllum wuyunense* Tao,1986

(注:原种名为 *wuyungense*)

1986a,b 陶君容,见陶君容、熊宪政,124 页,图版 12,图 1;叶;标本号:No. 52132b,52392;黑
龙江嘉荫;晚白垩世乌云组。

斋桑元叶 *Protophyllum zaissanicum* Romanova,1960

1960 Romanova,2 页,插图 3;叶;东哈萨克斯坦 Zaisan 盆地;晚白垩世－第三纪。

2000　郭双兴,235 页,图版 2,图 16;图版 7,图 9;叶;吉林珲春;晚白垩世珲春组。

假元叶属 Genus *Pseudoprotophyllum* Hollick,1930

1930　Hollick,见 Hollick,Martin,92 页。

1986a,b　陶君容、熊宪政,125 页。

1993a　吴向午,124 页。

模式种:*Pseudoprotophyllum emarginatum* Hollick,1930

分类位置:双子叶植物纲悬铃木科(Platanaceae,Dicotyledoneae)

无边假元叶 *Pseudoprotophyllum emarginatum* Hollick,1930

1930　Hollick,见 Hollick,Martin,92 页,图版 52,图 2a;图版 65,图 3;叶;美国阿拉斯加
　　　(Yukon River,6 miles above Nhochatilton);晚白垩世。

1993a　吴向午,124 页。

具齿假元叶 *Pseudoprotophyllum dentatum* Hollick,1930

1930　Hollick,见 Hollick,Martin,93 页,图版 65,图 1,2;图版 66,图 2,3;图版 67;图版 73,图
　　　3;叶;美国阿拉斯加(Yukon River,6 miles above Nhochatilton);晚白垩世。

1986a　陶君容、熊宪政,125 页。

具齿假元叶(比较种) *Pseudoprotophyllum* cf. *dentatum* Hollick

1986a,b　陶君容、熊宪政,125 页,图版 11,图 2;叶;黑龙江嘉荫;晚白垩世乌云组。

1993a　吴向午,124 页。

枫杨属 Genus *Pterocarya* Kunth,1842

1997　潘广,82 页。

模式种:(现代属)

分类位置:双子叶植物纲胡桃科(Juglandaceae,Dicotyledoneae)

△中华枫杨 *Pterocarya siniptera* Pan,1996

1996　潘广,142 页,图 1－3;果核;标本号:LSJ00845A,LSJ00845B;正模:LSJ00845B(图
　　　1B);标本保存在东北煤田地质局;华北燕辽地区东段(45°58′N,120°21′E);中侏罗世。
　　　(英文)

1997　潘广,82 页,图 1.1－1.8;果核;标本号:LSJ00845A,LSJ00845B;华北燕辽地区东段
　　　(45°58′N,120°21′E);中侏罗世。(中文)

似翅籽树属 Genus *Pterospermites* Heer,1859

［注:或译为拟翅籽树属(陶君容、熊宪政,1986a,b)］

1859 Heer,36 页。

1984 张志诚,125 页。

1993a 吴向午,126 页。

模式种:*Pterospermites vagans* Heer,1859

分类位置:双子叶植物纲(Dicotyledoneae)

漫游似翅籽树 *Pterospermites vagans* Heer,1859

1859 Heer,36 页,图版 109,图 1－5;翅籽;瑞士厄辛根;第三纪。

1993a 吴向午,126 页。

心耳叶似翅籽树 *Pterospermites auriculaecordatus* Hollick,1936

1936 Hollick,151 页,图版 92,图 1－5;图版 93,图 1,2。

1986a,b 陶君容,见陶君容、熊宪政,129 页,图版 11,图 3－5;叶;黑龙江嘉荫;晚白垩世乌云
组。

△黑龙江似翅籽树 *Pterospermites heilongjiangensis* Zhang,1984

1984 张志诚,125 页,图版 2,图 15;叶;标本号:MH1086;正模:MH1086(图版 2,图 15);标
本保存在沈阳地质矿产研究所;黑龙江嘉荫;晚白垩世太平林场组。

1993a 吴向午,126 页。

1995a 李星学(主编),图版 120,图 1;翅籽;黑龙江嘉荫;晚白垩世太平林场组。(中文)

1995b 李星学(主编),图版 120,图 1;翅籽;黑龙江嘉荫;晚白垩世太平林场组。(英文)

△东方似翅籽树 *Pterospermites orientalis* Zhang,1984

1984 张志诚,125 页,图版 2,图 1;图版 6,图 7;插图 2;叶;标本号:MH1084,MH1085;正模:
MH1084(图版 6,图 7);标本保存在沈阳地质矿产研究所;黑龙江嘉荫;晚白垩世太平
林场组。

1993a 吴向午,126 页。

1995a 李星学(主编),图版 119,图 5;图版 120,图 3;翅籽;黑龙江嘉荫;晚白垩世太平林场组。
(中文)

1995b 李星学(主编),图版 119,图 5;图版 120,图 3;翅籽;黑龙江嘉荫;晚白垩世太平林场组。
(英文)

△盾叶似翅籽树 *Pterospermites peltatifolius* Tao,1986

1986a,b 陶君容,见陶君容、熊宪政,130 页,图版 12,图 2;叶;标本号:52432;黑龙江嘉荫;晚
白垩世乌云组。

似翅籽树(未定种) *Pterospermites* sp.

1984 *Pterospermites* sp.,张志诚,126 页,图版 6,图 1;翅籽;黑龙江嘉荫;晚白垩世永安屯组。

栎属 Genus *Quercus* Linné,1753

1982 耿国仓、陶君容,117 页。

1993a 吴向午,127 页。

模式种:(现代属)

分类位置:双子叶植物纲壳斗科(Fagaceae,Dicotyledoneae)

△圆叶栎 *Quercus orbicularis* **Geng,1982**

1982 耿国仓,见耿国仓、陶君容,117页,图版1,图8-10;叶;标本号:51836,51839,51911;西藏昂仁吉松;晚白垩世-始新世秋乌组。(注:原文未指定模式标本)

1993a 吴向午,127页。

奎氏叶属 Genus *Quereuxia* **Kryshtofovich,1953**

1953 Kryshtofovich,23页。

1984 张志诚,127页。

1993a 吴向午,127页。

模式种:*Quereuxia angulata* Kryshtofovich,1953

分类位置:双子叶植物纲菱科(Hydrocaryaceae,Dicotyledoneae)

具棱奎氏叶 *Quereuxia angulata* **Kryshtofovich,1953**

1953 Kryshtofovich,23页,图版3,图1,11;叶;苏联;白垩纪。

1984 张志诚,127页,图版4,图7;图版7,图2-6;图版8,图5;叶;黑龙江嘉荫;晚白垩世永安屯组、太平林场组。[注:此标本后改定为 *Trapa angulata*(Newberry)Brown(郑少林、张莹,1994)]

1993a 吴向午,127页。

毛茛果属 Genus *Ranunculaecarpus* **Samylina,1960**

1960 Samylina,336页。

1998 刘裕生,73页。

模式种:*Ranunculaecarpus quiquecarpellatus* Samylina,1960

分类位置:双子叶植物纲毛茛科(Ranunculaceae,Dicotyledoneae)

五角形毛茛果 *Ranunculaecarpus quiquecarpellatus* **Samylina,1960**

1960 Samylina,336页,图版1,图3-5;插图1;果实;苏联西伯利亚科累马河流域;早白垩世。

毛茛果(未定种) *Ranunculaecarpus* sp.

1998 *Ranunculaecarpus* sp.,刘裕生,73页,图版5,图9;果实;香港平洲岛;晚白垩世平洲组。(注:原文拼写为 *Ranunculicarpus* sp.)

△毛茛叶属 Genus *Ranunculophyllum* ex Tao et Zhang,1990,Wu emend,1993

[注：此属名被陶君容、张川波(1990)首次使用，但未注明是新属名(吴向午，1993a)]

1990　陶君容、张川波，221,226 页

1993a 吴向午，31,232 页。

1993b 吴向午，508,517 页。

模式种：*Ranunculophyllum pinnatisctum* Tao et Zhang,1990

分类位置：双子叶植物纲毛茛科(Ranunculaceae,Dicotyledoneae)

△羽状全裂毛茛叶 *Ranunculophyllum pinnatisctum* Tao et Zhang,1990

1990　陶君容、张川波，221,226 页，图版 2,图 4;插图 3;叶;标本号：K_1d_{41-9};标本保存在中国
　　　科学院植物研究所;吉林延吉;早白垩世大拉子组。

1993a 吴向午，31,232 页。

1993b 吴向午，508,517 页。

羽状全裂毛茛叶? *Ranunculophyllum pinnatisctum* Tao et Zhang?

1995a 李星学(主编)，图版 144,图 5;叶;吉林龙井智新大拉子;早白垩世大拉子组。(中文)

1995b 李星学(主编)，图版 144,图 5;叶;吉林龙井智新大拉子;早白垩世大拉子组。(英文)

毛茛属 Genus *Ranunculus* Linné

1964　Miki,19 页。

1993a 吴向午，128 页。

模式种：(现代属)

分类位置：双子叶植物纲毛茛科(Ranunculaceae,Dicotyledoneae)

△热河毛茛 *Ranunculus jeholensis*(Yabe et Endo) Miki,1964

1935　*Potamogeton jeholensis* Yabe et Endo,274 页，图 1,2,5;枝叶;河北凌源;早白垩世(?)
　　　狼鳍鱼层。

1964　Miki,19 页，插图;枝叶;河北凌源;晚侏罗世狼鳍鱼层。

1993a 吴向午，128 页。

似鼠李属 Genus *Rhamnites* Forbes,1851

1851　Forbes,103 页。

1975　郭双兴，419 页。

1993a 吴向午，129 页。

模式种：*Rhamnites multinervatus* Forbes,1851

分类位置：双子叶植物纲鼠李科（Rhamnaceae，Dicotyledoneae）

多脉似鼠李 *Rhamnites multinervatus* Forbes，1851

1851　Forbes，103 页，图版 3，图 2；叶；英国苏格兰马尔岛；中新世。

1993a　吴向午，129 页。

显脉似鼠李 *Rhamnites eminens*（Dawson）Bell，1957

1894　*Diospyros eminens* Dawson，62 页，图版 10，图 40。

1957　Bell，62 页，图版 44，图 1；图版 46，图 1－3，5；图版 48，图 1－5；图版 49，图 1－4；图版 50，图 5；图版 56，图 5；叶；英国哥伦比亚；晚白垩世。

1975　郭双兴，419 页，图版 3，图 4，7；叶；西藏日喀则扎西林；晚白垩世日喀则群。

1993a　吴向午，129 页。

鼠李属 Genus *Rhamnus* Linné，1753

1980　张志诚，335 页。

1993a　吴向午，129 页。

模式种：（现代属）

分类位置：双子叶植物纲鼠李科（Rhamnaceae，Dicotyledoneae）

△门士鼠李 *Rhamnus menchigesis* Tao，1982

1982　陶君容，见耿国仓、陶君容，119 页，图版 7，图 8；叶；标本号：51891；西藏噶尔门士；晚白垩世－始新世门士组。

△尚志鼠李 *Rhamnus shangzhiensis* Tao et Zhang，1980

1980　张志诚，335 页，图版 196，图 2，6；图版 197，图 4；叶；登记号：D628，D629；标本保存在沈阳地质矿产研究所；叶；黑龙江尚志费家街；晚白垩世孙吴组。（注：原文未指定模式标本）

1993a　吴向午，129 页。

△根状茎属 Genus *Rhizoma* Wu S Q，1999（中文发表）

1999　吴舜卿，24 页。

模式种：*Rhizoma elliptica* Wu S Q，1999

分类位置：双子叶植物纲睡莲科（Nymphaceae，Dicotyledoneae）

△椭圆形根状茎 *Rhizoma elliptica* Wu S Q，1999（中文发表）

1999　吴舜卿，24 页，图版 16，图 9，10；根状茎；采集号：AEO-100，AEO-197；登记号：PB18322，PB18323；标本保存在中国科学院南京地质古生物研究所；辽宁西部北票上园黄半吉沟；晚侏罗世义县组下部尖山沟层。（注：原文未指定模式标本）

鬼灯檠属 Genus *Rogersia* Fontaine,1889

［注：或译为诺杰斯属（陶君容、张川波,1990）］

1889　Fontaine,287 页。

1980　张志诚,339 页。

1993a　吴向午,131 页。

模式种：*Rogersia longifolia* Fontaine,1889

分类位置：双子叶植物纲山龙眼科（Protiaceae,Dicotyledoneae）

长叶鬼灯檠 *Rogersia longifolia* Fontaine,1889

1889　Fontaine,287 页,图版 139,图 6;图版 144,图 2;图版 150,图 1;图版 159,图 1,2;叶;美国弗吉尼亚波托马克;早白垩世波托马克群。

1993a　吴向午,131 页。

2005　张光富,图版 1,图 4;叶;吉林;早白垩世大拉子组。

窄叶鬼灯檠 *Rogersia angustifolia* Fontaine,1889

1889　Fontaine,288 页,图版 143,图 2;图版 149,图 4,8;图版 150,图 2－7;叶;美国弗吉尼亚波托马克附近;早侏罗世波托马克群。

1980　张志诚,339 页,图版 190,图 9;叶;吉林延吉大拉子;早白垩世大拉子组。

1990　陶君容、张川波,225 页,图版 1,图 2,3;叶;吉林延吉;早白垩世大拉子组。

1993a　吴向午,131 页。

披针形鬼灯檠 *Rogersia lanceolata* Fontaine ex Sun et al. ,1992

1992　孙革等,543 页,图版 1,图 15;叶;黑龙江鸡西城子河;早白垩世城子河组上部。（中文）

1993　孙革等,249 页,图版 1,图 15;叶;黑龙江鸡西城子河;早白垩世城子河组上部。（英文）

萨尼木属 Genus *Sahnioxylon* Bose et Sahni,1954,Zheng et Zhang emend,2005

1954　Bose,Sahni,1 页。

2005　郑少林、张武,见郑少林等,211 页。

模式种：*Sahnioxylon rajmahalense*（Sahni）Bose et Sahni,1954

分类位置：苏铁类？（cycadophytes?）或被子植物？（angiospermous?）

拉杰马哈尔萨尼木 *Sahnioxylon rajmahalense*（Sahni）Bose et Sahni,1954

1932　*Homoxylon rajmahalense* Sahni,1 页,图版 1,2;木材（与木兰科的同质木材比较）;印度比哈尔拉杰马哈尔山;侏罗纪。

1954　Bose,Sahni,1 页,图版 1;木化石;印度比哈尔拉杰马哈尔山;侏罗纪。

2005　郑少林、张武,见郑少林等,212 页,图版 1,图 A－E;图版 2,图 A－D;木材;辽宁北票长皋、巴图营;中侏罗世髫髻山组。

柳叶属 Genus *Saliciphyllum* Conwentz,1886（non Fontaine,1889）

1886　Conwentz,44 页。

1970　Andrews,189 页。

1993a　吴向午,132 页。

模式种：*Saliciphyllum succineum* Conwentz,1886

分类位置：双子叶植物纲杨柳科（Salicaceae,Dicotyledoneae）

琥珀柳叶 *Saliciphyllum succineum* Conwentz,1886

1886　Conwentz,44 页,图版 4,图 17－19;叶;德国西部;第三纪。

1970　Andrews,189 页。

1993a　吴向午,132 页。

柳叶属 Genus *Saliciphyllum* Fontaine,1889（non Conwentz,1886）

（注:此属名为 *Saliciphyllum* Conwentz,1886 的晚出同名）

1889　Fontaine,302 页。

1970　Andrews,189 页。

1984　郭双兴,86 页。

1993a　吴向午,132 页。

模式种：*Saliciphyllum longifolium* Fontaine,1889

分类位置：双子叶植物纲杨柳科（Salicaceae,Dicotyledoneae）

长叶柳叶 *Saliciphyllum longifolium* Fontaine,1889

1889　Fontaine,302 页,图版 150,图 12;叶;美国弗吉尼亚波托马克;早侏罗世波托马克群。

1970　Andrews,189 页。

1984　郭双兴,86 页。

1990　陶君容、张川波,226 页,图版 1,图 8;叶;吉林延吉;早白垩世大拉子组。

1993a　吴向午,132 页。

柳叶（未定种） *Saliciphyllum* sp.

1984　*Saliciphyllum* sp.,郭双兴,86 页,图版 1,图 3,7;叶;黑龙江安达喇嘛甸子;晚白垩世青山口组;黑龙江杜尔伯达;晚白垩世青山口组上部。

1993a　*Saliciphyllum* sp.,吴向午,132 页。

柳属 Genus *Salix* Linné,1753

1975　郭双兴,414 页。

1993a 吴向午,132 页。

模式种:(现代属)

分类位置:双子叶植物纲杨柳科(Salicaceae,Dicotyledoneae)

米克柳 *Salix meeki* Newberry,1868

1868 Newberry,19 页;北美(Banks of Yellowstone River,Montana);早白垩世(砂岩)。

1898 Newberry,58 页,图版 2,图 3;叶;北美(Blackbird Hill,Nebraska);白垩纪(Dakota Group)。

米克柳(比较种) *Salix* cf. *meeki* Newberry

1975 郭双兴,415 页,图版 1,图 1,1a;叶;西藏日喀则扎西林;晚白垩世日喀则群。

1993a 吴向午,132 页。

拟无患子属 Genus *Sapindopsis* Fontaine,1889

[注:或译为木患叶属(陶君容、张川波,1990)]

1889 Fontaine,296 页。

1980 张志诚,333 页。

1993a 吴向午,132 页。

模式种:*Sapindopsis cordata* Fontaine,1889

分类位置:双子叶植物纲无患子科(Sapindaceae,Dicotyledoneae)

心形拟无患子 *Sapindopsis cordata* Fontaine,1889

1889 Fontaine,296 页,图版 147,图 1;叶;美国弗吉尼亚弗雷德里克斯堡;早白垩世波托马克群。

1993a 吴向午,132 页。

大叶拟无患子 *Sapindopsis magnifolia* Fontaine,1889

1889 Fontaine,297 页,图版 151,图 2,3;图版 152,图 2,3;图版 153,图 2;图版 154,图 1,5;图版 155,图 6;叶;美国弗吉尼亚;早白垩世波托马克群。

1990 陶君容、张川波,225 页,图版 2,图 1,2;插图 2;叶;吉林延吉;早白垩世大拉子组。

2000 孙革等,图版 4,图 4;叶;吉林龙井智新大拉子;早白垩世大拉子组。

2005 张光富,图版 2,图 1,4,7,9-11;叶;吉林;早白垩世大拉子组。

变异拟无患子(比较种) *Sapindopsis* cf. *variabilis* Fontaine

1980 张志诚,333 页,图版 193,图 1;叶;吉林延吉大拉子;早白垩世大拉子组。

1993a 吴向午,132 页。

檫木属 Genus *Sassafras* Boemer,1760

1990 陶君容、张川波,227 页。

1993a 吴向午,133 页。

模式种:(现代属)

分类位置:双子叶植物纲樟科(Lauraceae,Dicotyledoneae)

白垩檫木异型变种 *Sassafras cretaceoue* Newberry var. *heterobum* Fontaine,1889

1889 Fontaine,289 页,图版 152,图 5;图版 159,图 8;图版 164,图 5;叶;美国弗吉尼亚;早白垩世波托马克群。

2000 孙革等,图版 4,图 8;叶;黑龙江牡丹江;早白垩世猴石沟组。

白垩檫木异型变种(比较属种) Cf. *Sassafras cretaceoue* var. *heterobum* Fontaine

1995a 李星学(主编),图版 143,图 3;叶;吉林龙井智新;早白垩世大拉子组。(中文)

1995b 李星学(主编),图版 143,图 3;叶;吉林龙井智新;早白垩世大拉子组。(英文)

波托马克"檫木" "*Sassafras*" *potomacensis* Beery

2005 张光富,图版 2,图 2,3;叶;吉林;早白垩世大拉子组。

檫木(未定种) *Sassafras* sp.

1990 *Sassafras* sp.,陶君容、张川波,227 页,图版 2,图 5;插图 5;叶;吉林延吉;早白垩世大拉子组。

1993a *Sassafras* sp.,吴向午,133 页。

五味子属 Genus *Schisandra* Michaux,1803

1984 郭双兴,87 页。

1993a 吴向午,134 页。

模式种:(现代属)

分类位置:双子叶植物纲木兰科五味子亚科(Schisandronideae,Magnoliaceae,Dicotyledoneae)

△杜尔伯达五味子 *Schisandra durbudensis* Guo,1984

1984 郭双兴,87 页,图版 1,图 2,2a;叶;登记号:PB10362;标本保存在中国科学院南京地质古生物研究所;黑龙江杜尔伯达;晚白垩世青山口组上部。

1993a 吴向午,134 页。

△似狗尾草属 Genus *Setarites* Pan,1983(裸名)

1983 潘广,1520 页。(中文)

1984 潘广,959 页。(英文)

1993a 吴向午,163,250 页。

1993b 吴向午,508,518 页。

模式种:(没有种名)

分类位置:"原始被子植物类群"("primitive angiosperms")

似狗尾草(sp. indet.) *Setarites* sp. indet.

(注:原文仅有属名,没有种名)

1983 *Setarites* sp. indet.,潘广,1520页;华北燕辽地区东段(45°58′N,120°21′E);中侏罗世海房沟组。(中文)

1984 *Setarites* sp. indet.,潘广,959页;华北燕辽地区东段(45°58′N,120°21′E);中侏罗世海房沟组。(英文)

△沈括叶属 Genus *Shenkuoia* Sun et Guo,1992

1992 孙革、郭双兴,见孙革等,546页。(中文)

1993 孙革、郭双兴,见孙革等,254页。(英文)

1993a 吴向午,162,247页。

模式种:*Shenkuoia caloneura* Sun et Guo,1992

分类位置:双子叶植物纲(Dicotyledoneae)

△美脉沈括叶 *Shenkuoia caloneura* Sun et Guo,1992

1992 孙革、郭双兴,见孙革等,547页,图版1,图13,14;图版2,图1—6;叶和叶角质层;登记号:PB16775,PB16777;正模:PB16775(图版1,图13);标本保存在中国科学院南京地质古生物研究所;黑龙江鸡西城子河;早白垩世城子河组上部。(中文)

1993 孙革、郭双兴,见孙革等,254页,图版1,图13,14;图版2,图1—6;叶和叶角质层;登记号:PB16775,PB16777;正模:PB16775(图版1,图13);标本保存在中国科学院南京地质古生物研究所;黑龙江鸡西城子河;早白垩世城子河组上部。(英文)

1993a 吴向午,162,247页。

1995a 李星学(主编),图版141,图6;插图9-2.6;叶;黑龙江鸡西城子河;早白垩世城子河组。(中文)

1995b 李星学(主编),图版141,图6;插图9-2.6;叶;黑龙江鸡西城子河;早白垩世城子河组。(英文)

1996 孙革、Dilcher D L,图版1,图12—14;插图1F;叶;黑龙江鸡西城子河;早白垩世城子河组。

2000 孙革等,图版3,图7—9;叶;黑龙江鸡西城子河;早白垩世城子河组上部。

2002 孙革、Dilcher D L,101页,图版3,图1—3,11(?);插图4E;叶;黑龙江鸡西城子河;早白垩世城子河组。

△中华古果属 Genus *Sinocarpus* Leng et Friis,2003(英文发表)

2003 冷琴、Friis,79页。

模式种:*Sinocarpus decussatus* Leng et Friis,2003

分类位置:分类不明(incertae sedis)

△下延中华古果 *Sinocarpus decussatus* Leng et Friis,2003(英文发表)

2003 冷琴、Friis,79 页,图 2－22;果实;正模:B0162[图 2-左(B0162A 正面),图 2-右 (B0162B 负面),图 11－22 电镜照片];标本保存在中国科学院古脊椎动物与古人类研究所;辽宁朝阳凌源大王杖子;早白垩世巴雷姆阶或阿普特阶义县组大王杖子层。

2003 张弥曼(主编),图 254－256;果实;辽宁朝阳凌源大王杖子;早白垩世巴雷姆阶或阿普特阶义县组大王杖子层。(英文)

△中华缘蕨属 Genus *Sinodicotis* Pan,1983(裸名)

1983 潘广,1520 页。(中文)

1984 潘广,958 页。(英文)

1993a 吴向午,163,250 页。

1993b 吴向午,508,518 页。

模式种:(没有种名)

分类位置:"半被子植物类群"("hemiangiosperms")

中华缘蕨(sp. indet.) *Sinodicotis* sp. indet.

(注:原文仅有属名,没有种名)

1983 *Sinodicotis* sp. indet.,潘广,1520 页,华北燕辽地区东段(45°58′N,120°21′E);中侏罗世海房沟组。(中文)

1984 *Sinodicotis* sp. indet.,潘广,958 页,华北燕辽地区东段(45°58′N,120°21′E);中侏罗世海房沟组。(英文)

珍珠梅属 Genus *Sorbaria* (Ser.) A. Braun

1986a,b 陶君容、熊宪政,127 页。

1993a 吴向午,137 页。

模式种:(现代属)

分类位置:双子叶植物纲蔷薇科绣线亚科(Rosaceae,Spiraeoideae,Dicotyledoneae)

△乌云珍珠梅 *Sorbaria wuyunensis* Tao,1986

(注:原种名为 *wuyungensis*)

1986a,b 陶君容,见陶君容、熊宪政,127 页,图版 6,图 5,6;叶;标本号:52262,52240;黑龙江嘉荫;晚白垩世乌云组。(注:原文未指定模式标本)

1993a 吴向午,137 页。

黑三棱属 Genus *Sparganium* Linné,1753

1984 王自强,295 页。

1993a 吴向午,138 页。

模式种:(现代属)

分类位置:双子叶植物纲黑三棱科(Sparganiaceae,Dicotyledoneae)

△丰宁? 黑三棱 *Sparganium*? *fengningense* Wang,1984

(注:原种名为 *fenglingense*)

1984　王自强,295 页,图版 157,图 10,13;叶;登记号:P0366,P0367;标本保存在中国科学
　　院南京地质古生物研究所;河北围场、丰宁;晚白垩世九佛堂组。(注:原文未指定模
　　式标本)

1993a 吴向午,138 页。

△金藤叶属 Genus *Stephanofolium* Guo,2000(英文发表)

2000　郭双兴,233 页。(英文)

模式种:*Stephanofolium ovatiphyllum* Guo,2000

分类位置:双子叶植物纲防己科(Menisspermaceae,Dicotyledoneae)

△卵形金藤叶 *Stephanofolium ovatiphyllum* Guo,2000(英文发表)

2000　郭双兴,233 页,图版 2,图 8;图版 6,图 1—6;叶;登记号:PB18630—PB18633;正模:
　　PB18632(图版 6,图 1);标本保存在中国科学院南京地质古生物研究所;吉林珲春;晚
　　白垩世珲春组。

苹婆叶属 Genus *Sterculiphyllum* Nathorst,1886

1886　Nathorst,52 页。

1990　陶君容、张川波,226 页。

1993a 吴向午,143 页。

模式种:*Sterculiphyllum limbatum*(Velenovsky)Nathorst,1886

分类位置:双子叶植物纲苹婆科(Sterculiaceae,Dicotyledoneae)

具边苹婆叶 *Sterculiphyllum limbatum*(Velenovsky)Nathorst,1886

1883　*Sterculia limbatum* Velenovsky,21 页,图版 5,图 2—5;图版 6,图 1。

1886　Nathorst,52 页。

1993a 吴向午,143 页。

优美苹婆叶 *Sterculiphyllum eleganum*(Fontaine)ex Tao et Zhang,1990

1883　*Sterculia eleganum* Fontaine,314 页,图版 157,图 2;图版 158,图 2,3;叶;美国弗吉尼
　　亚深底公园;早白垩世波托马克群。

1990　陶君容、张川波,226 页,图版 1,图 4—7;叶;吉林延吉;早白垩世大拉子组。

1993a 吴向午,143 页。

2005　张光富,图版 2,图 5;叶;吉林;早白垩世大拉子组。

水青树属 Genus *Tetracentron* Olv.

1986a,b　陶君容、熊宪政,124 页。

1993a　吴向午,146 页。

模式种:(现代属)

分类位置:双子叶植物纲木兰科水青树亚科(Tetrcentroideae,Magnoliaceae,Dicotyledoneae)

△乌云水青树 *Tetracentron wuyunense* Tao,1986

(注:原种名为 *wuyungense*)

1986a,b　陶君容,见陶君容、熊宪政,124 页,图版 2,图 9;图版 5,图 4;叶;标本号:52132b,
　　　　52392;黑龙江嘉荫;晚白垩世乌云组。(注:原文未指定模式标本)

1993a　吴向午,146 页。

椴叶属 Genus *Tiliaephyllum* Newberry,1895

1895　Newberry,109 页。

1984　张志诚,124 页。

2000　郭双兴,238 页。

1993a　吴向午,149 页。

模式种:*Tiliaephyllum dubium* Newberry,1895

分类位置:双子叶植物纲椴树科(Tiliaceae,Dicotyledoneae)

可疑椴叶 *Tiliaephyllum dubium* Newberry,1895

1895　Newberry,109 页,图版 15,图 5;叶;美国新泽西州;白垩纪。

1984　张志诚,124 页。

1993a　吴向午,149 页。

△吉林椴叶 *Tiliaephyllum jilinense* Gao,2000(英文发表)

2000　郭双兴,238 页,图版 4,图 2;图版 7,图 7;叶;登记号:PB18676,PB18677;正模:
　　　　PB18676(图版 4,图 2);标本保存在中国科学院南京地质古生物研究所;吉林珲春;晚
　　　　白垩世珲春组。

查加杨椴叶 *Tiliaephyllum tsagajannicum* (Kryshtofovich et Baikov.) Krassilov,1976

1976　Krassilov,70 页,图版 35,图 1,2;图版 36,图 2,3;图版 37,图 1,2。

1995a　李星学(主编),图版 118,图 5;叶;黑龙江嘉荫;晚白垩世太平林场组。(中文)

1995b　李星学(主编),图版 118,图 5;叶;黑龙江嘉荫;晚白垩世太平林场组。(英文)

查加杨椴叶(比较种) *Tiliaephyllum* cf. *tsagajannicum* (Kryshtofovich et Baikov.) Krassilov

1986a,b　陶君容、熊宪政,129 页,图版 8,图 7;叶;黑龙江嘉荫;晚白垩世乌云组。

查加杨椴叶(比较属种) Cf. *Tiliaephyllum tsagajannicum* (Kryshtofovich et Baikov.) Krassilov

1984　张志诚,124 页,图版 4,图 5;叶;黑龙江嘉荫;晚白垩世太平林场组。

菱属 Genus *Trapa* Linné, 1753

1959　李星学, 33, 37 页。

1963　斯行健、李星学等, 367 页。

1993a　吴向午, 150 页。

模式种: (现代属)

分类位置: 双子叶植物纲菱科 (Hydrocaryaceae, Dicotyledoneae)

小叶? 菱 *Trapa? microphylla* Lesquereux, 1878

1878　Lesquereux, 259 页, 图版 61, 图 16, 17a; 叶; 美国; 晚白垩世。

1959　李星学, 33, 37 页, 图版 1, 图 2, 3, 5—8; 叶; 黑龙江哈尔滨庙台子; 晚白垩世松花统。

1963　斯行健、李星学等, 367 页, 图版 106, 图 2, 3; 图版 107, 图 3—5a; 叶; 黑龙江哈尔滨庙台子、嫩江、兰西; 晚白垩世。

1980　张志诚, 331 页, 图版 208, 图 8; 叶; 黑龙江哈尔滨、嫩江、兰西; 晚白垩世嫩江组。

1993a　吴向午, 150 页。

肖叶菱 *Trapa angulata* (Newberry) Brown, 1962

1861　*Neuropteris angulata* Newberry, 见 Ives, 131 页, 图版 3, 图 5。

1962　Brown, 83 页, 图版 58, 图 1—12; 叶; 美国落基山脉和大平原; 古新世。

1984　郭双兴, 87 页; 黑龙江绥化; 晚白垩世泉头组; 黑龙江哈尔滨、杜尔伯达; 晚白垩世嫩江组。

1994　郑少林、张莹, 759 页, 图版 3, 图 12—17; 叶; 松辽盆地明水县; 早白垩世晚期姚家组 2 段、3 段。

1995a　李星学(主编), 图版 118, 图 1—3; 图版 120, 图 5; 叶; 黑龙江嘉荫; 晚白垩世太平林场组; 黑龙江哈尔滨庙台子; 晚白垩世松花江群上部。(中文)

1995b　李星学(主编), 图版 118, 图 1—3; 图版 120, 图 5; 叶; 黑龙江嘉荫; 晚白垩世太平林场组; 黑龙江哈尔滨庙台子; 晚白垩世松花江群上部。(英文)

菱? (未定种) *Trapa? sp.*

1999　*Trapa? sp.*, 吴舜卿, 22 页, 图版 16, 图 1—2a, 6(?), 6a(?), 8(?); 果实; 辽宁西部北票上园黄半吉沟; 晚侏罗世义县组下部尖山沟层。[注: 此标本后改定为 *Beipiaoa parva* Dilcher, Sun et Zheng(孙革等, 2001)]

似昆栏树属 Genus *Trochodendroides* Berry, 1922

1922　Berry, 166 页。

1979　郭双兴、李浩敏, 554 页。

1993a　吴向午, 151 页。

模式种: *Trochodendroides rhomboideus* (Lesquereux) Berry, 1922

分类位置: 双子叶植物纲昆栏树科 (Trochodendraceae, Dicotyledoneae)

菱形似昆栏树 *Trochodendroides rhomboideus*（Lesquereux）Berry,1922

1868　*Ficus? rhomboideus* Lesquereux,96 页。

1874　*Phyllites rhomboideus* Lesquereux,112 页,图版 6,图 7;叶;美国德克萨斯阿图斯;晚白垩世伍德拜恩组。

1922　Berry,166 页,图版 36,图 6;叶;美国德克萨斯阿图斯;晚白垩世伍德拜恩组。

1993a　吴向午,151 页。

北极似昆栏树 *Trochodendroides arctica*（Heer）Berry,1922

1868　*Populus arctica* Heer,100 页,图版 4,图 6a,7;图版 5,图 5;图版 6,图 5,6。

1984　张志诚,121 页,图版 2,图 2,3,9,12;图版 3,图 5—7;图版 5,图 1—3,6—10;图版 7,图 8b,8c;图版 8,图 8a;叶;黑龙江嘉荫;晚白垩世永安屯组、太平林场组和乌云组。

1986a,b　陶君容、熊宪政,124 页,图版 6,图 7;图版 7,图 1—4;图 6,图 2;叶;黑龙江嘉荫;晚白垩世乌云组。

1990　张莹等,240 页,图版 2,图 9b;图版 3,图 4,5,7,8;叶;黑龙江汤原;晚白垩世富饶组。

1995a　李星学(主编),图版 118,图 4;图版 119,图 3,4;叶;黑龙江嘉荫;晚白垩世太平林场组。（中文）

1995b　李星学(主编),图版 118,图 4;图版 119,图 3,4;叶;黑龙江嘉荫;晚白垩世太平林场组。（英文）

渐尖似昆栏树 *Trochodendroides smilacifolia*（Newberry）Kryshtofovich,1966

1966　Kryshtofovich,Baikofskaia,265 页,图版 9,图 3;图版 11,图 3,4;图版 12,图 3;图版 13,图 5;图版 21,图 4。

1984　张志诚,122 页,图版 2,图 8,11;图版 3,图 11;叶;黑龙江嘉荫;晚白垩世太平林场组。

瓦西连柯似昆栏树 *Trochodendroides vassilenkoi* Iljinska et Romanova,1974

1974　Iljinska,Romanova,118 页,图版 50,图 1—4;插图 75。

1979　郭双兴、李浩敏,554 页,图版 1,图 7;叶;吉林珲春;晚白垩世珲春组。

1993a　吴向午,151 页。

昆栏树属 Genus *Trochodendron* Sieb. et Fucc.

1986a,b　陶君容、熊宪政,124 页。

1993a　吴向午,151 页。

模式种:(现代属)

分类位置:单子叶植物纲昆栏树科(Trochodendraceae,Monocotyledoneae)

昆栏树（未定种）*Trochodendron* sp.

1986a,b　*Trochodendron* sp.,陶君容、熊宪政,124 页,图版 7,图 6;图版 11,图 10;果实;黑龙江嘉荫;晚白垩世乌云组。

1993a　*Trochodendron* sp.,吴向午,151 页。

香蒲属 Genus *Typha* Linné

1986a,b 陶君容、熊宪政,图版6,图11。

1993a 吴向午,152页。

模式种:(现代属)

分类位置:单子叶植物纲香蒲科(Typhaceae,Monocotyledoneae)

香蒲(未定种) *Typha* sp.

1986a,b *Typha* sp.,陶君容、熊宪政,图版6,图11;叶;黑龙江嘉荫;晚白垩世乌云组。

1993a *Typha* sp.,吴向午,152页。

类香蒲属 Genus *Typhaera* Krassilov,1982

1982 Krassilov,36页。

1999 吴舜卿,22页。

模式种:*Typhaera fusiformis* Krassilov,1982

分类位置:单子叶植物纲香蒲科(Typhaceae,Monocotyledoneae)

纺锤形类香蒲 *Typhaera fusiformis* Krassilov,1982

1982 Krassilov,36页,图版19,图247-251;蒙古;早白垩世。

1999 吴舜卿,22页,图版15,图3,3a;图版17,图3,3a,6,6a;果实;辽宁西部北票上园黄半吉沟;晚侏罗世义县组下部尖山沟层。

2001 张弥曼(主编),图166;叶;辽宁西部北票上园黄半吉沟;晚侏罗世义县组下部尖山沟层。(中文)

2003 张弥曼(主编),图244;叶;辽宁西部北票上园黄半吉沟;晚侏罗世义县组下部尖山沟层。(英文)

榆叶属 Genus *Ulmiphyllum* Fontaine,1889

1889 Fontaine,312页。

2005 张光富,图版1,图1。

模式种:*Ulmiphyllum brookense* Fontaine,1889

分类位置:双子叶植物纲榆科(Ulmaceae,Dicotyledoneae)

勃洛克榆叶 *Ulmiphyllum brookense* Fontaine,1889

1889 Fontaine,312页,图版155,图8;图版163,图7;叶;美国弗吉尼亚布鲁克;早白垩世波托马克群。

2005 张光富,图版1,图1;叶;吉林;早白垩世大拉子组。

荚蒾叶属 Genus *Viburniphyllum* Nathorst,1886

1886 Nathorst,52 页。

1990 陶君容、孙湘君,76 页。

1993a 吴向午,153 页。

模式种:*Viburniphyllum giganteum*（Saporta）Nathorst,1886

分类位置:双子叶植物纲忍冬科(Caprifoliaceae,Dicotyledoneae)

大型荚蒾叶 *Viburniphyllum giganteum*（Saporta）Nathorst,1886

1868 *Viburnum giganteum* Saporta,370 页,图版 30,图 1,2;叶;法国;第三纪。

1886 Nathorst,52 页。

1993a 吴向午,153 页。

疏齿荚蒾叶 *Viburniphyllum finale*（Ward）Krassilov,1976

1976 Krassilov,74 页,图版 41,图 1—7。

1986a,b 陶君容、熊宪政,130 页,图版 6,图 10;叶;黑龙江嘉荫;晚白垩世乌云组。

△细齿荚蒾叶 *Viburniphyllum serrulutum* Tao,1986

1980 陶君容,见陶君容、孙湘君,76 页,图版 1,图 6,7;插图 1;叶;标本号:52115,52127;标本保存在中国科学院植物研究所;黑龙江林甸;早白垩世泉头组。(注:原文未指定模式标本)

1993a 吴向午,153 页。

荚蒾属 Genus *Viburnum* Linné ,1753

1975 郭双兴,421 页。

1993a 吴向午,154 页。

模式种:(现代属)

分类位置:双子叶植物纲忍冬科(Caprifoliaceae,Dicotyledoneae)

古老荚蒾 *Viburnum antiquum*（Newberry）Hollick,1898

1868 *Tilia antiqua* Newberry,52 页;北美(near Fort Clarke);中新世。

1898 Hollick,见 Newberry,128 页,图版 33,图 1,2;叶;北美(near Fort Clarke);第三纪始新世(?)。

1936 Hollick,166 页,图版 106,图 3;叶;美国阿拉斯加;第三纪。

1986a,b 陶君容、熊宪政,130 页,图版 11,图 8,9;叶;黑龙江嘉荫;晚白垩世乌云组。

粗糙荚蒾 *Viburnum asperum* Newberry,1868

1868 Newberry,54 页,北美(Fort Union of Dacotah);中新世。

1885 Ward,557 页,图版 64,图 4—9;叶;美洲;晚白垩世。

1898   Newberry,129 页,图版 33,图 9;叶;北美(Fort Union of Dacotah);第三纪(Fort Union Group)。

1975   郭双兴,421 页,图版 3,图 2;叶;西藏日喀则扎西林;晚白垩世日喀则群。

1986a,b   陶君容、熊宪政,130 页,图版 6,图 10;叶;黑龙江嘉荫;晚白垩世乌云组。

1993a̅   吴向午,154 页。

扭曲荚蒾(比较种) *Viburnum* cf. *contortum* Lesquererux

1984   张志诚,126 页,图版 7,图 1;叶;黑龙江嘉荫;晚白垩世太平林场组。

拉凯斯荚蒾 *Viburnum lakesii* Lesquereux

1990   张莹等,242 页,图版 3,图 3;叶;黑龙江汤原;晚白垩世富饶组。

美丽荚蒾 *Viburnum speciosum* Knowlton,1917

1917   Knowlton,347 页,图版 61,图 1－5;叶;美国科罗拉多扣克戴尔附近;第三纪 Raton 层。

1978   《中国新生代植物》编写小组,154 页,图版 140,图 4;图版 142,图 1,4,5;图版 143,图 5;图版 144,图 2,3;叶;辽宁抚顺;始新世。

1990   张莹等,242 页,图版 3,图 1,2;叶;黑龙江汤原;晚白垩世富饶组。

荚蒾(未定种) *Viburnum* sp.

1984   *Viburnum* sp.,王喜富,301 页,图版 176,图 10;叶;河北万全洗马林;晚白垩世土井子组。

葡萄叶属 Genus *Vitiphyllum* Nathorst,1886（non Fontaine,1889）

1886   Nathorst,211 页。

1970   Andrews,225 页。

1993a   吴向午,154 页。

2000   郭双兴,237 页。

模式种:*Vitiphyllum raumanni* Nathorst,1886

分类位置:双子叶植物纲葡萄科(Vitaceae,Dicotyledoneae)

劳孟葡萄叶 *Vitiphyllum raumanni* Nathorst,1886

1886   Nathorst,211 页,图版 22,图 2;叶;日本(Sakugori,Shimano);第三纪。

1970   Andrews,225 页。

1993a   吴向午,154 页。

2000   郭双兴,237 页。

△吉林葡萄叶 *Vitiphyllum jilinense* Gao,2000（英文发表）

2000   郭双兴,237 页,图版 4,图 14,16;图版 8,图 4,5,10;叶;登记号:PB18667－PB18671;正模:PB18668(图版 4,图 16);标本保存在中国科学院南京地质古生物研究所;吉林珲春;晚白垩世珲春组。

葡萄叶属 Genus *Vitiphyllum* Fontaine,1889（non Nathorst,1886）

［注:此属名为 *Vitiphyllum* Nathorst,1886 的晚出同名(吴向午,1993a)］

1889 　Fontaine,308 页。

1970 　Andrews,225 页。

1986 　李星学等,43 页。

1993a 吴向午,154 页。

模式种:*Vitiphyllum crassiflium* Fontaine,1889

分类位置:双子叶植物纲葡萄科(Vitaceae,Dicotyledoneae)

厚叶葡萄叶 *Vitiphyllum crassiflium* Fontaine,1889

1889 　Fontaine,308 页,叶;美国弗吉尼亚(near Potomac of Virginia);早白垩世(Potomac Group)。

1970 　Andrews,225 页。

1993a 吴向午,154 页。

葡萄叶(未定种) *Vitiphyllum* sp.

1978 　*Cissites*? sp.,杨学林等,图版 2,图 7;叶;吉林蛟河杉松;早白垩世磨石砬子组。

1980 　*Cissites* sp.,李星学、叶美娜,图版 5,图 5;叶;吉林蛟河盆地杉松;早白垩世磨石砬子组。

1986 　*Vitiphyllum* sp.,李星学等,43 页,图版 43,图 6;图版 44,图 3;叶;吉林蛟河杉松;早白垩世磨石砬子组。

1993a *Vitiphyllum* sp.,吴向午,154 页。

葡萄叶?（未定种）*Vitiphyllum*? sp.

1995a *Vitiphyllum*? sp.,李星学(主编),插图 9-2.5;叶;黑龙江鸡西城子河;早白垩世城子河组。（中文）

1995b *Vitiphyllum*? sp.,李星学(主编),插图 9-2.5;叶;黑龙江鸡西城子河;早白垩世城子河组。（英文）

△星学花序属 Genus *Xingxueina* Sun et Dilcher,1997（1995 nom. nud.）(中文和英文发表)

1995a 孙革、Dilcher D L,见李星学(主编),324 页。（裸名）（中文）

1995b 孙革、Dilcher D L,见李星学(主编),429 页。（裸名）（英文）

1996 　Sun Ge,Dilcher D L,396 页。（裸名）（英文）

1997 　孙革、Dilcher D L,137,141 页。（中文和英文）

模式种:*Xingxueina heilongjiangensis* Sun et Dilcher,1997(1995 nom. nud.)

分类位置:双子叶植物纲(Dicotyledoneae)

△黑龙江星学花序 *Xingxueina heilongjiangensis* Sun et Dilcher,1997（1995 nom. nud.）(中文和英文发表)

1995a 孙革、Dilcher D L,见李星学(主编),324 页,插图 9-2.8;花序和叶;黑龙江鸡西城子河;

早白垩世城子河组。（裸名）（中文）

1995b 孙革、Dilcher D L，见李星学（主编），429 页，插图 9-2.8；花序和叶；黑龙江鸡西城子河；早白垩世城子河组。（裸名）（英文）

1996 孙革、Dilcher D L，图版 2，图 1－6；插图 1E；花序和叶；黑龙江鸡西城子河；早白垩世城子河组。（裸名）

1997 孙革、Dilcher D L，137，141 页，图版 1，图 1－7；图版 2，图 1－6；插图 2；花序和叶；采集号：WR47-100；登记号：SC10025，SC10026；正模：SC10026（图版 5，图 1B，2，4G）；标本保存在中国科学院南京地质古生物研究所；黑龙江鸡西城子河；早白垩世城子河组。（注：原文未指定模式标本）

2000 孙革等，图版 3，图 10－14；花序和叶；黑龙江鸡西城子河；早白垩世城子河组上部。

2002 孙革、Dilcher D L，105 页，图版 5，图 1A，3－5；图版 6，图 1－6；插图 4G；叶；黑龙江鸡西城子河；早白垩世城子河组。

△星学叶属 Genus *Xingxuephyllum* Sun et Dilcher，2002（英文发表）

2002 孙革、Dilcher D L，103 页。

模式种：*Xingxuephyllum jixiense* Sun et Dilcher，2002

分类位置：双子叶植物纲（Dicotyledoneae）

△鸡西星学叶 *Xingxuephyllum jixiense* Sun et Dilcher，2002（英文发表）

2002 孙革、Dilcher D L，103 页，图版 5，图 1B，2；插图 4G；叶；标本号：SC10026；正模：SC10026（图版 5，图 1B，2；插图 4G）；黑龙江鸡西城子河；早白垩世城子河组。（注：原文未注明模式标本的保存单位及地点）

△延吉叶属 Genus *Yanjiphyllum* Zhang，1980

1980 张志诚，338 页。

1993a 吴向午，48，243 页。

1993b 吴向午，508，521 页。

模式种：*Yanjiphyllum ellipticum* Zhang，1980

分类位置：双子叶植物纲（Dicotyledoneae）

△椭圆延吉叶 *Yanjiphyllum ellipticum* Zhang，1980

1980 张志诚，338 页，图版 192，图 7，7a；叶；登记号：D631；标本保存在沈阳地质矿产研究所；吉林延吉大拉子；早白垩世大拉子组。

1993a 吴向午，48，243 页。

1993b 吴向午，508，521 页。

△郑氏叶属 Genus *Zhengia* Sun et Dilcher,2002（1996 nom. nud.）（英文发表）

1996 孙革、Dilcher D L,图版 1,图 15;图版 2,图 7－9。（裸名）

2002 孙革、Dilcher D L,103 页。

模式种:*Zhengia chinensis* Sun et Dilcher,2002

分类位置:双子叶植物纲(Dicotyledonae)

△中国郑氏叶 *Zhengia chinensis* Sun et Dilcher,2002（1996 nom. nud.）（英文发表）

1992 *Shenkuoia caloneura* Sun et Guo,孙革、郭双兴,见孙革等,547 页,图版 1,图 14;图版 2,图 2－6(不包括图版 1,图 13;图版 2,图 1)。（中文）

1993 *Shenkuoia caloneura* Sun et Guo,孙革、郭双兴,见孙革等,254 页,图版 1,图 14;图版 2,图 2－6(不包括图版 1,图 13;图版 2,图 1)。（英文）

1996 孙革、Dilcher D L,图版 1,图 15;图版 2,图 7－9;叶和角质层;黑龙江鸡西城子河;早白垩世城子河组。（裸名）

2002 孙革、Dilcher D L,103 页,图版 4,图 1－7;叶和角质层;标本号:JS10004,SC01996,SC10023;正模:SC10023(图版 4,图 1,图 3－6);标本保存在中国科学院南京地质古生物研究所;黑龙江鸡西城子河;早白垩世城子河组。

枣属 Genus *Zizyphus* Mill.

1986a,b 陶君容、熊宪政,128 页。

1993a 吴向午,160 页。

模式种:(现代属)

分类位置:双子叶植物纲鼠李科(Rhamnaceae,Dicotyledoneae)

△辽西枣 *Zizyphus liaoxijujuba* Pan,1990

1990a 潘广,4 页,图版 1,图 2,2a,3;果核;标本号:LSJ074A, LSJ074B, LSJ0531;正模:LSJ0531(图版 1,图 2,2a);华北燕辽地区东段(45°58′N,120°21′E);中侏罗世。（中文）

1990b 潘广,67 页,图版 1,图 2,2a,3;果核;标本号:LSJ074A, LSJ074B, LSJ0531;正模:LSJ0531(图版 1,图 2,2a);华北燕辽地区东段(45°58′N,120°21′E);中侏罗世。（英文）

△假白垩枣 *Zizyphus pseudocretacea* Tao,1986

1986a,b 陶君容,见陶君容、熊宪政,128 页,图版 10,图 6;叶;标本号:52161;黑龙江嘉荫;晚白垩世乌云组。

1993a 吴向午,160 页。

双子叶植物小叶 The Phyllites of Small Form

1980　陶君容、孙湘君,77页,插图2;叶;黑龙江林甸;早白垩世泉头组。

单子叶植物 Monocotyledon

1986a,b　陶君容、熊宪政,图版6,图12;叶;黑龙江嘉荫;晚白垩世乌云组。

单子叶植物叶化石 Monocotyledon Leaf

1997　曹正尧等,1765页,图版1,图3,3a,4;枝叶;辽宁西部北票上园炒米店附近;晚侏罗世义县组下部尖山沟层。(中文)

1998　曹正尧等,232页,图版1,图3,3a,4;枝叶;辽宁西部北票上园炒米店附近;晚侏罗世义县组下部尖山沟层。(英文)

被子植物叶 Angiosperm Leaf

1995a　Angiosperm Leaf A,李星学(主编),图版142,图5;插图9-2.7;叶;黑龙江鸡西城子河;早白垩世城子河组。(中文)

1995b　Angiosperm Leaf A,李星学(主编),图版142,图5;插图9-2.7;叶;黑龙江鸡西城子河;早白垩世城子河组。(英文)

水生被子植物 Aquatic Angiosperm

2001　张弥曼(主编),图167,168;辽宁凌源范杖子;晚侏罗世义县组。(中文){注:此标本后改定为 *Archaefructus sinensis* Sun,Dilcher,Ji et Nixon[张弥曼(主编),2003,图251]}(中文)

被子植物生殖器官 Reproductive Organ of Angiosperm

2002　Reproductive Organ A,孙革、Dilcher D L,109页,图版3,图4,5;繁殖器官,黑龙江鸡西城子河;早白垩世城子河组。

2002　Reproductive Organ B,孙革、Dilcher D L,109页,图版3,图6,7;繁殖器官,黑龙江鸡西城子河;早白垩世城子河组。

附　　录

附录1　属　名　索　引

[按中文名称的汉语拼音升序排列,属名后为页码(中文记录页码/英文记录页码),"△"示依据中国标本建立的属名]

X

Y

Z

附录2 种名索引

[按中文名称的汉语拼音升序排列,属名或种名后为页码(中文记录页码/英文记录页码),"△"示依据中国标本建立的属名或种名]

附录3 存放模式标本的单位名称

中文名称	English Name
大庆油田科学研究设计院 （大庆油田工程有限公司）	Daqing Oilfield Scientific Research and Design Institute (Daqing Oilfield Engineering Co. Ltd)
东北煤田地质局	Northeast China Coalfield Geology Bureau
辽宁省地质矿产局区域调查地质队 （辽宁省区域地质调查大队）	Regional Geological Surveying Team, Bureau of Geology and Mineral Resources of Liaoning Province (Regional Geological Surveying Team of Liaoning Province)
沈阳地质矿产研究所 （中国地质调查局沈阳地质调查中心）	Shenyang Institute of Geology and Mineral Resources (Shenyang Institute of Geology and Mineral Resources, China Geological Survey)
中国科学院地质研究所 （中国科学院地质与地球物理研究所）	Geological Institute of Chinese Academy of Geosciences (Institute of Geology and Geophysics, Chinese Academy of Sciences)
中国科学院古脊椎动物与古人类研究所	Institute of Vertebrate Paleontology and Paleoanthropology, Chinese Academy of Sciences
中国科学院南京地质古生物研究所	Nanjing Institute of Geology and Palaeontology, Chinese Academy of Sciences
中国科学院植物研究所	Institute of Botany, the Chinese Academy of Sciences

附录4 丛书属名索引(Ⅰ—Ⅵ分册)

(按中文名称的汉语拼音升序排列,属名后为分册号/中文记录页码/英文记录页码,"△"号示依据中国标本建立的属名)

E

F

G

J

K

X

Supported by Special Research Program of
Basic Science and Technology of the Ministry
of Science and Technology (2013FY113000)

Record of Megafossil Plants
from China (1865–2005)

Record of Mesozoic Megafossil Angiosperms from China

Compiled by
WU Xiangwu and WANG Guan

University of Science and Technology of China Press

Brief Introduction

This book is the sixth volume of *Record of Megafossil Plants from China* (1865— 2005). There are two parts of both Chinese and English versions, mainly documents complete data on the Mesozoic megafossil angiosperms from China that have been officially published from 1865 to 2005. All of the records are compiled according to generic and specific taxa. Each record of the generic taxon include: author(s) who established the genus, establishing year, synonym, type species and taxonomic status. The species records are included under each genus, including detailed descriptions of original data, such as author(s) who established the species, publishing year, author(s) or identified person(s), page(s), plate(s), text-figure(s), locality(ies), ages and horizon(s). For those generic names or specific names established based on Chinese specimens, the type specimens and their depository institutions have also been recorded. In this book, totally 140 generic names (among them, 39 generic names are established based on Chinese specimens) have been documented, and totally more than 286 specific names(among them, 90 specific names are established based on Chinese specimens). Each part attaches four appendixes, including: Index of Generic Names, Index of Specific Names, Table of Institutions that House the Type Specimens and Index of Generic Names to Volumes Ⅰ—Ⅵ. At the end of the book, there are references.

This book is a complete collection and an easy reference document that compiled based on extensive survey of both Chinese and abroad literatures and a systematic data collections of palaeobotany. It is suitable for reading for those who are working on research, education and data base related to palaeobotany, life sciences and earth sciences.

GENERAL FOREWORD

As a branch of sciences studying organisms of the geological history, palaeontology relies utterly on the fossil record, so does the palaeobotany as a branch of palaeontology. The compilation and editing of fossil plant data started early in the 19 century. F. Unger published *Synopsis Plantarum Fossilium* and *Genera et Species Plantarium Fossilium* in 1845 and 1850 respectively, not long after the introduction of C. von Linné's binomial nomenclature to the study of fossil plants by K. M. von Sternberg in 1820. Since then, indices or catalogues of fossil plants have been successively compiled by many professional institutions and specialists. Amongst them, the most influential are catalogues of fossil plants in the Geological Department of British Museum written by A. C. Seward and others, *Fossilium Catalogus II : Palantae* compiled by W. J. Jongmans and his successor S. J. Dijkstra, *The Fossil Record* (*Volume 1*) and *The Fossil Revord* (*Volume 2*) chief-edited by W. B. Harland and others and afterwards by M. J. Benton, and *Index of Generic Names of Fossil Plants* compiled by H. N. Andrews Jr. and his successors A. D. Watt, A. M. Blazer and others. Based partly on Andrews' index, the digital database "Index Nominum Genericorum (ING)" was set up by the joint efforts of the International Association of Plant Taxonomy and the Smithsonian Institution. There are also numerous catalogues or indices of fossil plants of specific regions, periods or institutions, such as catalogues of Cretaceous and Tertiary plants of North America compiled by F. H. Knowlton, L. F. Ward and R. S. La Motte, and those of Upper Triassic plants of the western United States by S. Ash, Carboniferous, Permian and Jurassic Plants by M. Boersma and L. M. Broekmeyer, Indian fossil plants by R. N. Lakhanpal, and fossil records of plants by S. V. Meyen and index of sporophytes and gymnosperm referred to USSR by V. A. Vachrameev. All these have no doubt benefited to the academic exchanges between palaeobotanists from different countries, and contributed considerably to the development of palaeobotany.

Although China is amongst the countries with widely distributed terrestrial deposits and rich fossil resources, scientific researches on fossil plants began much later in our country than in many other countries. For a quite long time, in our country, there were only few researchers, who are engaged in palaeobotanical studies. Since the 1950s, especially the beginning of Reform and Opening to the outside world in the late 1980s, palaeobotany became blooming in our country as other disciplines of science and technology. During the development and construction of the country, both palaeobotanists and publications have been markedly increased. The editing and compilation of the fossil plant record has also been put on the agenda to meet the needs of increasing academic activities, along with participation in the "Plant Fossil Record (PFR)" project sponsored by the International Organization of Palaeobotany. Professor Wu is one of the few pioneers who have paid special attention to data accumulation and compilation of the fossil plant records in China. Back in 1993, He published *Record of generic names of Mesozoic Megafossil Plants from China (1865 — 1990)* and *Index of New Generic Names Founded on Mesozoic and Cenozoic Specimens from China (1865 — 1990)*. In 2006, he published the generic names after 1990. *Catalogue of the Cenozoic Megafossil Plants of China* was also Published by Liu and others (1996).

It is a time consuming task to compile a comprehensive catalogue containing the fossil records of all plant groups in the geological history. After years of hard work, all efforts finally bore fruits, and are able to publish separately according to classification and geological distribution, as well as the progress of data accumulating and editing. All data will eventually be incorporated into the databases of all China fossil records: "Palaeontological and Stratigraphical Database of China" and "Geobiodiversity Database (GBDB)".

The pubilication of *Record of Megafossil Plants from China (1865 — 2005)* is one of the milestones in the development of palaeobotany, undoubtedly it will provide a good foundation and platform for the further development of this discipline. As an aged researcher in palaeobotany, I look eagerly forward to seeing the publication of the serial fossil catalogues of China.

Zhou Zhiyan

INTRODUCTION

In China, there is a long history of plant fossil discovery, as it is well documented in ancient literatures. Among them the voluminous work *Mengxi Bitan* (*Dream Pool Essays*) by Shen Kuo (1031 — 1095) in the Beisong (Northern Song) Dynasty is probably the earliest. In its 21st volume, fossil stems [later identified as stems of *Equisctites* or pith-casts of *Neocalamites* by Deng (1976)] from Yongningguan, Yanzhou, Shaanxi (now Yanshuiguan of Yanchuan County, Yan'an City, Shaanxi Province) were named "bamboo shoots" and described in details, which based on an interesting interpretation on palaeogeography and palaeoclimate was offered.

Like the living plants, the binary nomenclature is the essential way for recognizing, naming and studying fossil plants. The binary nomenclature (nomenclatura binominalis) was originally created for naming living plants by Swedish explorer and botanist Carl von Linné in his *Species Plantarum* firstly published in 1753. The nomenclature was firstly adopted for fossil plants by the Czech mineralogist and botanist K. M. von Sternberg in his *Versuch einer Geognostisch : Botamischen Darstellung der Flora der Vorwelt* issued since 1820. The *International Code of Botanical Nomenclature* thus set up the beginning year of modern botanical and palaeobotanical nomenclature as 1753 and 1820 respectively. Our series volumes of Chinese megafossil plants also follows this rule, compile generic and specific names of living plants set up in and after 1753 and of fossil plants set up in and after 1820. As binary nomenclature was firstly used for naming fossil plants found in China by J. S. Newberry [1865(1867)] at the Smithsonian Institute, USA, his paper *Description of Fossil Plants from the Chinese Coal-bearing Rocks* naturally becomes the starting point of the compiling of Chinese megafossil plant records of the current series.

China has a vast territory covers well developed terrestrial strata, which yield abundant fossil plants. During the past one and over a half centuries, particularly after the two milestones of the founding of PRC in 1949 and the beginning of Reform and Opening to the outside world in late 1970s, to meet the growing demands of the development and construction of the country, various scientific disciplines related to geological prospecting and meaning have been remarkably developed, among which palaeobotanical studies have been also well-developed with lots of fossil materials being accumulated. Preliminary statistics has shown that during 1865 (1867) — 2000, more than 2000 references related to Chinese megafossil plants had been published [Zhou and Wu (chief compilers), 2002]; 525 genera of Mesozoic megafossil plants discovered in China had been reported during 1865 (1867) — 1990 (Wu,1993a), while 281 genera of Cenozoic megafossil plants found in China had been documented by 1993 (Liu et al. ,1996); by the year of 2000, totally about 154 generic names have been established based on Chinese fossil plant material for the Mesozoic and Cenozoic deposits (Wu,1993b,2006). The above-mentioned megafossil plant records were published scatteredly in various periodicals or scientific magazines in different languages, such as Chinese, English, German, French, Japanese, Russian, etc. , causing much inconvenience for the use and exchange of colleagues of palaeobotany and related fields both at home and abroad.

To resolve this problem, besides bibliographies of palaeobotany [Zhou and Wu (chief compilers), 2002], the compilation of all fossil plant records is an efficient way, which has already obtained enough attention in China since the 1980s (Wu,1993a,1993b,2006). Based on the previous compilation as well as extensive searching for the bibliographies and literatures, now we are planning to publish series volumes of *Record of Megafossil Plants from China* (1865 — 2005) which is tentatively scheduled to comprise volumes of bryophytes, lycophytes, sphenophytes, filicophytes, cycadophytes, ginkgophytes, coniferophytes, angiosperms and others. These volumes are mainly focused on the Mesozoic megafossil plant data that were published from 1865 to 2005.

In each volume, only records of the generic and specific ranks are compiled, with higher ranks in the taxonomical hierarchy, e. g. , families, orders, only mentioned in the item of "taxonomy" under each record. For a complete compilation and a well understanding for geological records of the megafossil plants, those genera and species with their type species and type specimens not originally described from China are also included in the volume.

Records of genera are organized alphabetically, followed by the items of author(s) of genus, publishing year of genus, type species (not necessary for genera originally set up for living plants), and taxonomy and others.

Under each genus, the type species (not necessary for genera originally set up for living plants) is firstly listed, and other species are then organized alphabetically. Every taxon with symbols of "aff. ""Cf. ""cf. ""ex gr. " or "?" and others in its name is also listed as an individual record but arranged after the species without any symbol. Undetermined species (sp.) are listed at the end of each genus entry. If there are more than one undetermined species (spp.), they will be arranged chronologically. In every record of species (including undetermined species) items of author of species, establishing year of species, and so on, will be included.

Under each record of species, all related reports (on species or specimens) officially published are covered with the exception of those shown solely as names with neither description nor illustration. For every report of the species or specimen, the following items are included: publishing year, author(s) or the person(s) who identify the specimen (species), page(s) of the literature, plate(s), figure(s), preserved organ(s), locality(ies), horizon(s) or stratum(a) and age(s). Different reports of the same specimen (species) is (are) arranged chronologically, and then alphabetically by authors' names, which may further classified into a, b, etc. , if the same author(s) published more than one report within one year on the same species.

Records of generic and specific names founded on Chinese specimen(s) is (are) marked by the symbol "△". Information of these records are documented as detailed as possible based on their original publication.

To completely document *Record of Megafossil Plants from China* (*1865 — 2005*), we compile all records faithfully according to their original publication without doing any delection or modification, nor offering annotations. However, all related modification and comments published later are included under each record, particularly on those with obvious problems, e. g. , invalidly published naked names (nom. nud.).

According to *International Code of Botanical Nomenclature* (*Vienna Code*) article 36. 3, in order to be validly published, a name of a new taxon of fossil plants published on or after January 1st, 1996 must be accompanied by a Latin or English description or diagnosis or by a reference to a previously and effectively published Latin or English description or diagnosis (McNeill and others, 2006; Zhou, 2007; Zhou Zhiyan, Mei Shengwu, 1996; *Brief News of Palaeobotany in China*, No. 38). The current series follows article 36. 3 and the original language(s) of description and/or diagnosis is (are) shown in the records for those published on or after January 1st, 1996.

For the convenience of both Chinese speaking and non-Chinese speaking colleagues, every record in this series is compiled as two parts that are of essentially the same contents, in Chinese and English respectively. All cited references are listed only in western language (mainly English) strictly following the format of the English part of Zhou and Wu (chief compilers) (2002). Each part attaches four appendixes: Index of Generic Names, Index of Specific Names, Table of Institutions that House the Type Specimens and Index of Generic Names to Volumes Ⅰ－Ⅵ.

The publication of series volumes of *Record of Megafossil Plants from China* (*1865 — 2005*) is the necessity for the discipline accumulation and development. It provides further references for understanding the plant fossil biodiversity evolution and radiation of major plant groups through the geological ages. We hope that the publication of these volumes will be helpful for promoting the professional exchange at home and abroad of palaeobotany.

This book is the sixth volume of *Records of Megafossil Plants from China* (*1865 — 2005*). This volume is an attempt to compile complete data on the Mesozoic megafossil angiosperms from China that have been officially published from 1865 to 2005. In this book, totally 140 generic names (among them, 39 generic names are established based on Chinese specimens) have been documented, and totally 286 specific names (among them, 90 specific names are established based on Chinese specimens). The dispersed pollen grains are not included in this book. We are grateful to receive further comments and suggestions form readers and colleagues.

This work is jointly supported by the Basic Work of Science and Technology (2013FY113000) and the State Key Program of Basic Research (2012CB822003) of the Ministry of Science and Technology, the National Natural Sciences Foundation of China (No. 41272010), the State Key Laboratory of Palaeobiology and Stratigraphy (No. 103115), the Important Directional Project (ZKZCX2-YW-154) and the Information Construction Project (INF105-SDB-1-42) of Knowledge Innovation Program of the Chinese Academy of Sciences.

We thank Prof. Wang Jun and others many colleagues and experts from the Department of Palaeobotany and Palynology of Nanjing Institute of Geology and Palaeontology (NIGPS), CAS for helpful suggestions and support. Special thanks are due to Academician Zhou Zhiyan for his kind help and support for this work, and writing "General Foreword" of this book. We also acknowledge our sincere thanks to Professor Yang Qun(the derector of NIGPAS), Academician Rong Jiayu, Academician Shen Shuzhong and Professor Yuan Xunlai (the head of State Key Laboratory of Palaeobiology and Stratigraphy), for their support for successful compilation and publication of this book. Ms. Zhang Xiaoping and Ms. Feng Man from the Liboratory of NIGPAS are appreciated for assistances of books and literatures collections.

Editor

SYSTEMATIC RECORDS

△**Genus *Acerites* Pan, 1983** (nom. nud.)

1983 Pan Guang, p. 1520. (in Chinese)

1984 Pan Guang, p. 959. (in English)

1993a Wu Xiangwu, pp. 163, 248.

1993b Wu Xiangwu, pp. 508, 509.

Type species: (without specific name)

Taxonomic status: "primitive angiosperms"

Acerites **sp. indet.**

[Notes: Generic name was given only, without specific name (or type species) in the original paper]

1983 *Acerites* sp. indet., Pan Guang, p. 1520; Yanshan – Liaoning area, North China (45°58′ N, 120°21′E); Middle Jurassic Haifanggou Formation. (in Chinese)

1984 *Acerites* sp. indet., Pan Guang, p. 959; Yanshan – Liaoning area, North China (45°58′N, 120°21′E); Middle Jurassic Haifanggou Formation. (in English)

△**Genus *Aconititis* Pan, 1983** (nom. nud.)

1983 Pan Guang, p. 1520. (in Chinese)

1984 Pan Guang, p. 959. (in English)

1993a Wu Xiangwu, pp. 163, 248.

1993b Wu Xiangwu, pp. 508, 509.

Type species: (without specific name)

Taxonomic status: "primitive angiosperms"

Aconititis **sp. indet.**

[Notes: Generic name was given only, without specific name (or type species) in the original paper]

1983 *Aconititis* sp. indet., Pan Guang, p. 1520; Yanshan – Liaoning area, North China (45°58′ N, 120°21′E); Middle Jurassic Haifanggou Formation. (in Chinese)

1984 *Aconititis* sp. indet., Pan Guang, p. 959; Yanshan – Liaoning area, North China (45°58′

Record of Megafossil Plants from China(1865—2005)

Genus *Alangium* Lamarck,1783

1980   Zhang Zhicheng,p. 334.

1993a   Wu Xiangwu,p. 51.

Type species:(living genus)

Taxonomic status:Alangiaceae,Dicotyledoneae

△*Alangium feijiajieense* Chang,1980

1980   Zhang Zhicheng, p. 334, pl. 208, figs. 1, 12; leaves; No. : D625, D626; Feijiajie of Shangzhi,Heilongjiang;Late Cretaceous Sunwu Formation. (Notes:The type specimen was not designated in the original paper)

1993a   Wu Xiangwu,p. 51.

Alangium? sp.

1984   *Alangium*? sp.,Wang Xifu,p. 301,pl. 176,fig. 9;leaf;Ximalin of Wanquan,Hebei;Late Cretaceous Tujingzi Formation.

Genus *Alnites* Hisinger,1837 (non Deane,1902)

1837   Hisinger,p. 112.

1993a   Wu Xiangwu,p. 52.

Type species:*Alnites friesii* (Nillson) Hisinger,1837

Taxonomic status:Betulaceae,Dicotyledoneae

Alnites friesii (Nillson) Hisinger,1837

1837   Hisinger,p. 112,pl. 34,fig. 8.

1993a   Wu Xiangwu,p. 52.

Genus *Alnites* Deane,1902 (non Hisinger,1837)

(Notes:This generic name *Alnites* Deane,1902 is a later homonym (homonym junius) of *Alnites* Hisinger,1837)

1902   Deane,p. 63.

1986a,b   Tao Junrong,Xiong Xianzheng,p. 126.

1993a   Wu Xiangwu,p. 52.

Type species:*Alnites latifolia* Deane,1902

Taxonomic status:Betulaceae,Dicotyledoneae

Alnites latifolia Deane, 1902

1902   Deane,p. 63,pl. 15,fig. 4;leaf;Wingell of Wen South Wales,Australia;Tertiary.

1993a Wu Xiangwu,p. 52.

Alnites jelisejevii (Kryshtofovich) Ablajiv, 1974

1974   Ablajiv, p. 113, pl. 19, figs. 2 — 4; leaves; East Sikhot-Alin, Soviet Union; Late Cretaceous.

1986a,b Tao Junrong,Xiong Xianzheng, p. 126, pl. 10, fig. 3; leaf; Jiayin, Heilongjiang; Late Cretaceous Wuyun Formation.

1993a Wu Xiangwu,p. 52.

Genus *Alnus* Linné

1986a,b Tao Junrong,Xiong Xianzheng,p. 126.

1993a Wu Xiangwu,p. 52.

Type species:(living genus)

Taxonomic status:Betulaceae,Dicotyledoneae

△*Alnus protobarbata* Tao, 1986

1986a,b Tao Junrong, in Tao Junrong, Xiong Xianzheng, p. 126, pl. 10, fig. 4; leaf; No. : 52523;Jiayin,Heilongjiang;Late Cretaceous Wuyun Formation.

1993a Wu Xiangwu,p. 52.

Genus *Amesoneuron* Goeppert, 1852

1852   Goeppert,p. 264.

1990   Zhou Zhiyan and others,pp. 419,425.

1993a Wu Xiangwu,p. 53.

Type species:*Amesoneuron noeggerathiae* Goeppert,1852

Taxonomic status:Plamae,Monocotyledoneae

Amesoneuron noeggerathiae Goeppert, 1852

1852   Goeppert,p. 264,pl. 33,fig. 3a;leaf;Germany;Early Tertiary.

1990   Zhou Zhiyan and others,pp. 419,425.

1993a Wu Xiangwu,p. 53.

Amesoneuron sp.

1990   *Amesoneuron* sp.,Zhou Zhiyan and others,pp. 419,425,pl. 1,fig. 4;pl. 2,figs. 1 — 1b;pl. 3,figs. 3,4;leaves;Ping Chau Island,Hongkong;Early Cretaceous Albian.

1993a *Amesoneuron* sp.,Wu Xiangwu,p. 53.

1995a *Amesoneuron* sp., Li Xingxue (editor-in-chief), pl. 115, fig. 4; leaf; Ping Chau Island,

Hongkong;Early Cretaceous Albian. (in Chinese)

1995b *Amesoneuron* sp., Li Xingxue (editor-in-chief), pl. 115, fig. 4; leaf; Ping Chau Island, Hongkong;Early Cretaceous Albian. (in English)

Genus *Ampelopsis* Michaux, 1803

1986a,b   Tao Junrong,Xiong Xianzheng,p. 128.

1993a Wu Xiangwu,p. 53.

Type species:(living genus)

Taxonomic status:Vitaceae,Dicotyledoneae

Ampelopsis acerifolia (Newberry) Brown, 1962

1868   *Populus acerifolia* Newberry,p. 65;Fort Union Dacotah,North America;Tertiary.

1898   *Populus acerifolia* Newberry,p. 37,pl. 28,figs. 5 — 8; leaves; Banks of Yellowstone River,Montana,North America;Tertiary Eocene(?).

1962   Brown,p. 78,pl. 51,figs. 1 — 18; pl. 52,figs. 1 — 8,10; pl. 59,figs. 6,11; pl. 66,fig. 7; leaves;Rocky Mountains and the Great Plains;Paleocene.

1986a,b   Tao Junrong,Xiong Xianzheng,p. 128,pl. 14,figs. 1 — 5; pl. 16,fig. 2; leaves;Jiayin, Heilongjiang;Late Cretaceous Wuyun Formation.

1993a Wu Xiangwu,p. 53.

Genus *Aralia* Linné, 1753

1975 Guo Shuangxing,p. 420.

1993a Wu Xiangwu,p. 56.

Type species:(living genus)

Taxonomic status:Araliaceae,Dicotyledoneae

△*Aralia firma* Guo, 1975

1975 Guo Shuangxing,p. 420,pl. 3,fig. 10; leaf;Col. No. :F401;Reg. No. :PB5016;Holotype: PB5016 (pl. 3, fig. 10); Repository: Nanjing Institute of Geology and Palaeontology, Chinese Academy of Sciences;Ngamring,Tibet;Late Cretaceous Xigaze Group.

1993a Wu Xiangwu,p. 56.

1995a Li Xingxue (editor-in-chief), pl. 119, fig. 6; leaf; Ngamring, Tibet; Late Cretaceous Xigaze Group. (in Chinese)

1995b Li Xingxue (editor-in-chief), pl. 119, fig. 6; leaf; Ngamring, Tibet; Late Cretaceous Xigaze Group. (in English)

△*Aralia mudanjiangensis* Zhang, 1981

1981 Zhang Zhicheng,p. 157,pl. 2,fig. 4; leaf;No. :MPH10071;Holotype:MPH10071 (pl. 2, fig. 4); Repository:Shenyang Institute of Geology and Mineral Resources;Mudanjiang,

Heilongjiang; Late Cretaceous Houshigou Formation.

Genus *Araliaephyllum* Fontaine, 1889

1889   Fontaine, p. 317.

2000   Sun Ge and others, pl. 4, fig. 1.

Type species: *Araliaephyllum obtusilobum* Fontaine, 1889

Taxonomic status: Araliaceae, Dicotyledoneae

Araliaephyllum obtusilobum Fontaine, 1889

1889   Fontaine, p. 317, pl. 163, figs. 1, 4; pl. 164, fig. 3; leaves; Virginia, USA; Early Cretaceous
        Potomac Group.

1995a   Li Xingxue (editor-in-chief), pl. 143, fig. 4; leaf; Dalazi in Zhixin of Longjing, Jilin; Early
        Cretaceous Dalazi Formation. (in Chinese)

1995b   Li Xingxue (editor-in-chief), pl. 143, fig. 4; leaf; Dalazi in Zhixin of Longjing, Jilin; Early
        Cretaceous Dalazi Formation. (in English)

2000   Sun Ge and others, pl. 4, fig. 1; leaf; Dalazi of Zhixin in Longjing, Jilin; Early Cretaceous
        Dalazi Formation.

2005   Zhang Guangfu, pl. 1, fig. 2; leaf; Jilin; Early Cretaceous Dalazi Formation.

△Genus *Archaefructus* Sun, Dilcher, Zheng et Zhou, 1998 (in English)

1998   Sun Ge, Dilcher D L, Zheng Shaolin and Zhou Zhekun, p. 1692.

1999   Wu Shunqing, p. 22.

2000   Ye Chuanxing and others, p. 369.

2001   Sun Ge and others, p. 22.

2003   Friis and others, p. 369.

Type species: *Archaefructus liaoningensis* Sun, Dilcher, Zheng et Zhou, 1998

Taxonomic status: Dicotyledoneae

△*Archaefructus liaoningensis* Sun, Dilcher, Zheng et Zhou, 1998 (in English)

1998   Sun Ge, Dilcher D L, Zheng Shaolin and Zhou Zhekun, p. 1692, figs. 2A — 2C;
        angiosperm fruiting axes and cuticles; No. : SZ0916; Holotype: SZ0916 (fig. 2A);
        Beipiao, western Liaoning; Late Jurassic lower part of Yixian Formation. (Notes: The
        repository of the type specimens was not mentioned in the original paper)

1999   Wu Shunqing, p. 22, pl. 15, figs. 5A — 5C; angiosperm fruiting axes; Huangbanjigou of
        Shangyuan, Beipiao, western Liaoning; Late Jurassic Jianshangou Bed in lower part of
        Yixian Formation.

2000   Ye Chuangxing and others, p. 369, figs. 8, 128A — 128C; Huangbanjigou in Shangyuan of
        Beipiao, western Liaoning; Late Jurassic Jianshangon Bed in lower part of Yixian

Formation.

2000　Sun Ge and others, pl. 1, figs. 1 — 7; pl. 2, figs. 1 — 5; angiosperm fruiting axes and cuticles of seed-coats; Huangbanjigou of Beipiao, western Liaoning; Late Jurassic lower part of Yixian Formation.

2001　Sun Ge and others, pp. 22, 150, pl. 1, figs. 1 — 4; pls. 2, 3; pl. 4, figs. 3, 4 — 6(?); pls. 27, 28; pl. 29, figs. 1 — 4, 5 (?), 6; pls. 30, 31; pl. 32, figs. 1 — 3; text-figs. 0. 3, 4. 2 — 4. 4, 4. 5(?); angiosperm fruiting axes and cuticles of seed-coats; Beipiao and Lingyuan, western Liaoning; Late Jurassic Jianshangou Formation.

2001　Zhang Miman (editor-in-chief), fig. 164; angiosperm fruiting axes; Beipiao, western Liaoning; Late Jurassic Jianshangou Bed of Yixian Formation.

2002　Sun Ge, Ji qiang, Dilcher D L, figs. 2E, 2G, 2J, 2L; angiosperm fruiting axes and cuticles of seed-coats; Beipiao and Lingyuan, western Liaoning; Late Jurassic Jianshangou Formation.

2002　Sun Ge, Zheng Shaolin, Sun Chunlin and others, pl. 1, figs. 1 — 8; angiosperm fruiting axes and cuticles of seed-coats; Beipiao, western Liaoning; Late Jurassic lower part of Yixian Formation.

2003　Friis and others, p. 369, fig. 1; angiosperm fruiting axes; Northeast China; Early Cretaceous Yixian Formation.

2003　Zhang Miman (editor-in-chief), fig. 252; angiosperm fruiting axes; Huangbanjigou in Shangyuan of Beipiao, western Liaoning; Late Jurassic Jianshangou Bed of Yixian Formation. (in English)

2005　Terada K and others, p. 39, figs. 1A — 1C, 4A, 5A — 5F; angiosperm fruiting axes; Beipiao, western Liaoning; Late Jurassic lower part of Yixian Formation.

△*Archaefructus sinensis* Sun, Dilcher, Ji et Nixon, 2002 (in English)

2002　Sun Ge, Dilcher D L, Ji Qiang, Nixon K C, in Sun Ge, Ji Qiang, Dilcher D L and others, p. 903, figs. 2A — 2D, 2H, 2I, 3; angiosperm fruiting axes; No. : J-0721, NMD-001, NMD-002; Holotype: J-0721 (figs. 2A — 2D); Repository: Geological Institute of Chinese Academy of Geosciences; Fanzhangzi of Lingyuan, Liaoning; Late Jurassic Yixian Formation. (in English)

2003　Friis and others, p. 369, fig. 2; angiosperm fruiting axes; Northeast China; Early Cretaceous Yixian Formation.

2003　Zhang Miman (editor-in-chief), fig. 251 [= Zhang Miman (editor-in-chief), 2001, figs. 167, 168]; fossil plant female reproductive organs; Fanzhangzi of Lingyuan, Liaoning; Late Jurassic Yixian Formation. (in English)

2005　Terada K and others, p. 39, figs. 1A — 1C, 4B, 6A — 6C; angiosperm fruiting axes; Linyuan, Liaoning; Late Jurassic lower part of Yixian Formation.

Archaefructus sp.

2001　*Archaefructus* sp., Sun Ge and others, p. 24, pl. 1, fig. 5; pl. 32, figs. 4 — 7; text-fig. 4. 6; fruiting axes; Beipiao and Lingyuan, western Liaoning; Late Jurassic Jianshangou Formation.

△Genuse *Archimagnolia* **Tao et Zhang,1992**

1992　Tao Junrong,Zhang Chuanbo,pp. 423,424.

1993a　Wu Xiangwu,pp. 161,245.

Type species:*Archimagnolia rostrato-stylosa* Tao et Zhang,1992

Taxonomic status:Dicotyledoneae

△*Archimagnolia rostrato-stylosa* **Tao et Zhang,1992**

1992　Tao Junrong, Zhang Chuanbo, pp. 423,424, pl. 1, figs. 1 — 6; an impression of froral axis; No. :053882; Holotype:053882 (pl. 1,figs. 1 — 6); Repository:Institute of Botany, the Chinese Academy of Sciences; Yanji,Jilin; Early Cretaceous Dalazi Formation.

1993a　Wu Xiangwu,pp. 161,245.

2000　Sun Ge and others,pl. 4,fig. 7; leaf; Dalazi in Zhixin of Longjing,Jilin; Early Cretaceous Dalazi Formation.

Genus *Arthollia* **Golovneva et Herman,1988**

1988　Golovneva, Herman,in Herman and Golovneva,p. 1456.

2000　Guo Shuangxing,p. 236.

Type species:*Arthollia pacifica* Golovneva et Herman,1988

Taxonomic status:Dicotyledoneae

Arthollia pacifica **Golovneva et Herman,1988**

1988　Golovneva,Herman,in Herman and Golovneva,p. 1456,Northeast Soviet Union; Late Creataceous.

2000　Guo Shuangxing,p. 236.

△*Arthollia sinenis* **Guo,2000** (in English)

2000　Guo Shuangxing,p. 236,pl. 3,figs. 4,7,10; pl. 4,figs. 10,17; pl. 5,fig. 3; pl. 7,figs. 4,8, 10,12; pl. 8,fig. 13; leaves; Reg. No. :PB18654 — PB18663; Holotype:PB18659 (pl. 5, fig. 3), PB18660 (pl. 7, fig. 4); Repository:Nanjing Institute of Geology and Palaeontology,Chinese Academy of Sciences; Hunchun,Jilin; Late Cretaceous Hunchun Formation. (Notes:The designated orthtype specimen is two specimens)

△Genus *Asiatifolium* **Sun,Guo et Zheng,1992**

1992　Sun Ge,Guo Shuangxing,Zheng Shaolin,in Sun Ge and others,p. 546. (in Chinese)

1993　Sun Ge,Guo Shuangxing,Zheng Shaolin,in Sun Ge and others,p. 253. (in English)

1993a Wu Xiangwu, pp. 161, 245.

Type species: *Asiatifolium elegans* Sun, Guo et Zheng, 1992

Taxonomic status: Dicotyledoneae

△*Asiatifolium elegans* Sun, Guo et Zheng, 1992

1992 Sun Ge, Guo Shuangxing, Zheng Shaolin, in Sun Ge and others, p. 546, pl. 1, figs. 1 — 3; leaves; Reg. No. : PB16766, PB16767; Holotype: PB16766 (pl. 1, fig. 1); Repository: Nanjing Institute of Geology and Palaeontology, Chinese Academy of Sciences; Chengzihe of Jixi, Heilongjiang; Early Cretaceous upper part of Chengzihe Formation. (in Chinese)

1993 Sun Ge, Guo Shuangxing, Zheng Shaolin, in Sun Ge and others, p. 253, pl. 1, figs. 1 — 3; leaves; Reg. No. : PB16766, PB16767; Holotype: PB16766 (pl. 1, fig. 1); Repository: Nanjing Institute of Geology and Palaeontology, Chinese Academy of Sciences; Chengzihe of Jixi, Heilongjiang; Early Cretaceous upper part of Chengzihe Formation. (in English)

1993a Wu Xiangwu, pp. 161, 245.

1995a Li Xingxue (editor-in-chief), pl. 141, figs. 1 — 3; text-figs. 9-2. 1, 9-2. 2; leaves; Chengzihe of Jixi, Heilongjiang; Early Cretaceous Chengzihe Formation. (in Chinese)

1995b Li Xingxue (editor-in-chief), pl. 141, figs. 1 — 3; text-figs. 9-2. 1, 9-2. 2; leaves; Chengzihe of Jixi, Heilongjiang; Early Cretaceous Chengzihe Formation. (in English)

1996 Sun Ge, Dilcher D L, pl. 1, figs. 1 — 9; text-figs. 1A, 1B; leaves; Chengzihe of Jixi, Heilongjiang; Early Cretaceous Chengzihe Formation.

2000 Sun Ge and others, pl. 3, figs. 1 — 4; leaves; Chengzihe of Jixi, Heilongjiang; Early Cretaceous upper part of Chengzihe Formation.

2002 Sun Ge, Dilcher D L, p. 97, pl. 1, figs. 1 — 11; pl. 3, figs. 8 — 10; text-figs. 4A — 4C; leaves; Chengzihe of Jixi, Heilongjiang; Early Cretaceous Chengzihe Formation.

Genus *Aspidiophyllum* Lesquereus, 1876

1876 Lesquereus, p. 361.

1981 Zhang Zhicheng, p. 157.

1993a Wu Xiangwu, p. 57.

Type species: *Aspidiophyllum trilobatum* Lesquereus, 1876

Taxonomic status: Dicotyledoneae

Aspidiophyllum trilobatum Lesquereus, 1876

1876 Lesquereus, p. 361, pl. 2, figs. 1, 2; leaves; south Fort Harker of Kansas, USA; Cretaceous.

1993a Wu Xiangwu, p. 57.

Aspidiophyllum sp.

1981 *Aspidiophyllum* sp., Zhang Zhicheng, p. 157, pl. 1, fig. 3; leaf; Mudanjiang,

Heilongjiang; Late Cretaceous Houshigou Formation.

1993a *Aspidiophyllum* sp. , Wu Xiangwu, p. 57.

Genus *Baisia* Krassilov, 1982

1982 Krassilov, in Krassilov, Bugdaeva, p. 281.

1984 Wang Ziqiang, p. 297.

1993a Wu Xiangwu, p. 59.

Type species: *Baisia hirsuta* Krassilov, 1982

Taxonomic status: Monocotyledoneae

Baisia hirsuta Krassilov, 1982

1982 Krassilov, in Krassilov, Bugdaeva, p. 281, pls. 1 — 8; fructus; lacustrine deposits of the Vitim River, Lake Baikal area; Early Cretaceous.

1984 Wang Ziqiang, p. 297.

1993a Wu Xiangwu, p. 59.

Baisia sp.

1984 *Baisia* sp. , Wang Ziqiang, p. 297, pl. 150, fig. 12; fructus; Weichang, Hebei; Early Cretaceous Jiufotang Formation.

1993a *Baisia* sp. , Wu Xiangwu, p. 59.

Genus *Bauhinia* Linné

1986a, b Tao Junrong, Xiong Xianzheng, p. 127.

1993a Wu Xiangwu, p. 59.

Type species: (living genus)

Taxonomic status: Leguminosae, Dicotyledoneae

△*Bauhinia gracilis* Tao, 1986

1986a, b Tao Junrong, in Tao Junrong, Xiong Xianzheng, p. 127, pl. 13, fig. 6; leaf; No. : 52439; Jiayin, Heilongjiang; Late Cretaceous Wuyun Formation.

1993a Wu Xiangwu, p. 59.

△Genus *Beipiaoa* Dilcher, Sun et Zheng, 2001 (in English)

2001 Dilcher D L, Sun Ge, Zheng Shaolin, in Sun Ge and others, pp. 25, 151.

Type species: *Beipiaoa spinosa* Dilcher, Sun et Zheng, 2001

Taxonomic status: Angiospermae?

△*Beipiaoa spinosa* **Dilcher, Sun et Zheng, 2001** (in English)

2001 Dilcher D L, Sun Ge, Zheng Shaolin, in Sun Ge and others, pp. 26, 152, pl. 5, figs. 1 — 4, 5 (?); pl. 33, figs. 11 — 19; text-fig. 4. 7G; fruits; Reg. No. : PB18959 — PB18962, PB18966, PB18967, ZY3004 — ZY3006; Holotype: PB18959 (pl. 5, fig. 1); Huangbanjigou in Shangyuan of Beipiao, Liaoning; Late Jurassic Jianshangou Formation. (Notes: The repository of the type specimens was not mentioned in the original paper)

2003 Zhang Miman (editor-in-chief), fig. 259; fruits; Huangbanjigou in Shangyuan of Beipiao, Liaoning; Late Jurassic Jianshangou Formation. (in English)

△*Beipiaoa parva* **Dilcher, Sun et Zheng, 2001** (in English)

1999 *Trapa*? sp., Wu Shunqing, p. 22, pl. 16, figs. 1 — 2a, 6 (?), 6a (?), 8 (?); fruits; Huangbanjigou in Shangyuan of Beipiao, Liaoning; Late Jurassic Jianshangou Bed in lower part of Yixian Formation.

2001 Dilcher D L, Sun Ge, Zheng Shaolin, in Sun Ge and others, pp. 25, 151, pl. 5, fig. 7; pl. 33, figs. 1 — 8, 21; text-fig. 4. 7A; fruits; Reg. No. : PB18953, ZY3001 — ZY3003; Holotype: PB18953 (pl. 5, fig. 7); Huangbanjigou in Shangyuan of Beipiao, Liaoning; Late Jurassic Jianshangou Formation. (Notes: The repository of the type specimens was not mentioned in the original paper)

△*Beipiaoa rotunda* **Dilcher, Sun et Zheng, 2001** (in English)

2001 Dilcher D L, Sun Ge, Zheng Shaolin, in Sun Ge and others, pp. 25, 151, pl. 5, figs. 8, 6 (?); pl. 33, figs. 10, 9 (?); text-fig. 4. 7B; fruits; Reg. No. : PB18958, ZY3001 — ZY3003; Holotype: PB18958 (pl. 5, fig. 8); Huangbanjigou in Shangyuan of Beipiao, Liaoning; Late Jurassic Jianshangou Formation. (Notes: The repository of the type specimens was not mentioned in the original paper)

△**Genus *Bennetdicotis* Pan, 1983** (nom. nud.)

1983 Pan Guang, p. 1520. (in Chinese)
1984 Pan Guang, p. 958. (in English)
1993a Wu Xiangwu, pp. 163, 248.
1993b Wu Xiangwu, pp. 508, 510.
Type species: (without specific name)
Taxonomic status: "hemiangiosperms"

Bennetdicotis **sp. indet.**

(Notes: Generic name was given only, but without specific name or type species in the original paper)

1983 *Bennetdicotis* sp. indet., Pan Guang, p. 1520, Yanshan-Liaoning area, North China (45°58′N, 120°21′E); Middle Jurassic Haifanggou Formation. (in Chinese)

1984 *Bennetdicotis* sp. indet., Pan Guang, p. 958, Yanshan-Liaoning area, North China; Middle Jurassic Haifanggou Formation. (in English)

Genus *Betula* Linné, 1753

1986a, b   Tao Junrong, Xiong Xianzheng, p. 126.

1993a Wu Xiangwu, p. 60.

Typespecies: (living genus)

Taxonomic status: Betulaceae, Dicotyledoneae

Betula prisca Ettsupma

1986a, b   Tao Junrong, Xiong Xianzheng, p. 126, pl. 6, fig. 4; pl. 10, fig. 2; leaves; Jiayin, Heilongjiang; Late Cretaceous Wuyun Formation.

1993a Wu Xiangwu, p. 60.

Betula sachalinensis Heer, 1878

1986a, b   Tao Junrong, Xiong Xianzheng, p. 126, pl. 8, figs. 2 — 4; leaves; Jiayin, Heilongjiang; Late Cretaceous Wuyun Formation.

1993a Wu Xiangwu, p. 60.

Genus *Betuliphyllum* Dusén, 1899

1899   Dusén, p. 102.

2000   Guo Shuangxing, p. 232.

Type species: *Betuliphyllum patagonicum* Dusén, 1899

Taxonomic status: Betulaceae, Dicotyledoneae

Betuliphyllum patagonicum Dusén, 1899

1899   Dusén, p. 102, pl. 10, figs. 15, 16; leaves; Puta Arenas, Chle; Oligocene.

2000   Guo Shuangxing, p. 232.

△_Betuliphyllum hunchunensis_ Guo, 2000 (in English)

2000   Guo Shuangxing, p. 232, pl. 2, figs. 5, 11; pl. 4, figs. 3 — 6, 9, 13; pl. 7, fig. 6; pl. 8, figs. 11, 12; leaves; Reg. No. : PB18621 — PB18627; Holotype: PB18627 (pl. 7, fig. 6); Repository: Nanjing Institute of Geology and Palaeontology, Chinese Academy of Sciences; Hunchun, Jilin; Late Cretaceous Hunchun Formation.

Genus *Carpites* Schimper, 1874

1874   Schimper, p. 421.

1984   Guo Shuangxing, p. 88.

1993a Wu Xiangwu, p. 62.

Type species: *Carpites pruniformis* (Heer) Schimper, 1874

Taxonomic status: incertae sedis

Carpites pruniformis (Heer) Schimper, 1874

1859   *Carpolithes pruniformis* Heer, p. 139, pl. 141, figs. 18 — 30; seeds; Oensingen, Switzerland; Miocene.

1874 (1869 — 1874)   Schimper, p. 421; seeds; Oensingen, Switzerland; Miocene.

1993a Wu Xiangwu, p. 62.

Carpites sp.

1984   *Carpites* sp., Guo Shuangxing, p. 88, pl. 1, figs. 4b, 6; seeds; Durbud, Heilongjiang; Late Cretaceous upper part of Qingshankou Formation.

1993a *Carpites* sp., Wu Xiangwu, p. 62.

Genus *Cassia* Linné, 1753

1982   Geng Guocang, Tao Junrong, p. 119.

1993a Wu Xiangwu, p. 63.

Type species: (living genus)

Taxonomic status: Leguminosae, Dicotyledoneae

Cassia fayettensis Berry, 1916

1916   Berry, p. 232, pl. 49, figs. 5 — 8; leaves; North America; Early Eocene.

Cassia cf. *fayettensis* Berry

1982   Geng Guocang, Tao Junrong, p. 119, pl. 1, fig. 16; leaf; Donggar of Xigaze, Tibet; Late Cretaceous — Eocene Qiuwu Formation.

1993a Wu Xiangwu, p. 63.

Cassia marshalensis Berry, 1916

1916   Berry, p. 232, pl. 50, figs. 6, 7; leaves; North America; lower Eocene.

1982   Geng Guocang, Tao Junrong, p. 119, pl. 6, fig. 6; leaf; Moinser of Gar, Tibet; Late Cretaceous — Eocene Moinser Formation.

1993a Wu Xiangwu, p. 63.

Genus *Castanea* Mill

1990   Zheng Shaolin, Zhang Wu, in Zhang Ying and others, p. 241.

1993a Wu Xiangwu, p. 63.

Type species: (living genus)

Taxonomic status: Fagaceae, Dicotyledoneae

△*Castanea tangyuaensis* Zheng et Zhang,1990

1990 Zheng Shaolin,Zhang Wu,in Zhang Ying and others,p. 241,pl. 2,figs. 1 — 3,text-fig. 3; leaves;No. ;TOW0011 — TOW0013;Repository:Daqing Oilfield Scientific Research and Design Institute;Tangyuan, Heilongjiang;Late Cretaceous Furao Formation. (Notes : The type specimen was not designated in the original paper)

1993a Wu Xiangwu,p. 63.

△Genus *Casuarinites* Pan,1983 (nom. nud.)

1983 Pan Guang,p. 1520. (in Chinese)

1984 Pan Guang,p. 959. (in English)

1993a Wu Xiangwu,pp. 163,249.

1993b Wu Xiangwu,pp. 508,510.

Type species:(without specific name)

Taxonomic status:"primitive angiosperms"

Casuarinites sp. indet.

(Notes:Generic name was given only, without specific name or type species in the original paper)

1983 *Casuarinites* sp. indet.,Pan Guang,p. 1520;Yanshan – Liaoning area, North China(45° 58′N,120°21′E);Middle Jurassic Haifanggou Formation. (in Chinese)

1984 *Casuarinites* sp. indet.,Pan Guang,p. 959;Yanshan – Liaoning area, North China(45° 58′N,120°21′E);Middle Jurassic Haifanggou Formation. (in English)

Genus *Celastrophyllum* Goeppert,1854

1854 Goeppert,p. 52.

1983 Zheng Shaolin,Zhang Wu,p. 92.

1993a Wu Xiangwu,p. 63.

Type species:*Celastrophyllum attenuatum* Goeppert,1854

Taxonomic status:Celastraceae,Dicotyledoneae

Celastrophyllum attenuatum Goeppert,1854

1853 Goeppert,p. 435. (nom. nud.)

1854 Goeppert,p. 52,pl. 14,fig. 89;leaf;Java,Indonesia;Tertiary.

1993a Wu Xiangwu,p. 63.

Celastrophyllum newberryanum Hollick,1895

1895 Hollick,p. 101,pl. 49,figs. 1 — 27;leaves;New Jersey,USA;Late Cretaceous.

2000   Guo Shuangxing, p. 237, pl. 8, figs. 6, 8; leaves; Hunchun, Jilin; Late Cretaceous Hunchun Formation.

Celastrophyllum ovale **Vachrameev, 1952**

1984   Wang Ziqiang, p. 294, pl. 148, figs. 4, 5; leaves; Chotzu, Inner Mongolia; Late Cretaceous Qixiaying Group.

△*Celastrophyllum subprotophyllum* **Tao, 1986**

1986a, b   Tao Junrong, in Tao Junrong, Xiong Xianzheng, p. 128, pl. 11, figs. 6, 7; leaves; No. : 52159, 52436; Jiayin, Heilongjiang; Late Cretaceous Wuyun Formation. (Notes : The type specimen was not designated in the original paper)

△*Celastrophyllum zhouziense* **Wang, 1984**

1984   Wang Ziqiang, p. 295, pl. 149, fig. 5; pl. 152, fig. 13; leaves; Reg. No. : P0447; Holotype: P0447 (pl. 149, fig. 5); Repository: Nanjing Institute of Geology and Palaeontology, Chinese Academy of Sciences; Chotzu, Inner Mongolia; Late Cretaceous Qixiaying Group.

Celastrophyllum **sp.**

1984   *Celastrophyllum* sp., Guo Shuangxing, p. 88, pl. 1, fig. 5; leaf; Durbud, Heilongjiang; Late Cretaceous upper part of Qingshankou Formation.

Celastrophyllum? **sp.**

1983   *Celastrophyllum*? sp., Zheng Shaolin, Zhang Wu, p. 92. pl. 8, figs. 12, 13; text-fig. 17; leaves; Boli Basin, Heilongjiang; Late Cretaceous Dongshan Formation.

1993a *Celastrophyllum*? sp., Wu Xiangwu, p. 63.

Genus *Celastrus* **Linné, 1753**

1982   Geng Guocang, Tao Junrong, p. 121.

1993a Wu Xiangwu, p. 64.

Type species: (living genus)

Taxonomic status: Celastraceae, Dicotyledoneae

Celastrus minor **Berry, 1916**

1916   Berry, p. 266, pl. 61, figs. 3, 4; leaves; North America; lower Eocene.

1982   Geng Guocang, Tao Junrong, p. 121, pl. 1, fig. 23; leaf; Gyisum of Ngamring, Tibet; Late Cretaceous — Eocene Qiuwu Formation.

1993a Wu Xiangwu, p. 64.

Genus *Ceratophyllum* **Linné, 1753**

2000   Guo Shuangxing, p. 233.

Type species: (living genus)
Taxonomic status: Ceratophyllaceae, Dicotyledoneae

△*Ceratophyllum jilinense* Guo, 2000 (in English)

2000　Guo Shuangxing, p. 233, pl. 2, figs. 3, 4, 10, 12; leaves; Reg. No. : PB18628, PB18629; Holotype: PB18628 (pl. 2, fig. 3); Repository: Nanjing Institute of Geology and Palaeontology, Chinese Academy of Sciences; Hunchun, Jilin; Late Cretaceous Hunchun Formation.

Genus *Cercidiphyllum* Siebold et Zucarini, 1846

1975　Guo Shuangxing, p. 417.

1993a　Wu Xiangwu, p. 64.

Type species: (living genus)

Taxonomic status: Cercidiphyllaceae, Dicotyledoneae

Cercidiphyllum elliptcum (Newberry) Brown, 1939

1868　*Populus elliptcum* Newberry, p. 16; North America (Blackbird Hill, Nebraska); Early Cretaceous (lower Cretaceous Sadstone).

1898　*Populus elliptcum* Newberry, p. 43, pl. 3, figs. 1, 2; leaves; North America (Blackbird Hill, Nebraska); Cretaceous (Dakota Group).

1939　Brown, p. 491, pl. 52, figs. 1 — 17.

1975　Guo Shuangxing, p. 417, pl. 2, figs. 2, 5; leaves; Xigaze, Tibet; Late Cretaceous Xigaze Group.

1993a　Wu Xiangwu, p. 64.

Cercidiphyllum arcticum (Heer) Brown

1980　Zhang Zhicheng, p. 314, pl. 197, figs. 8, 9; pl. 198, figs. 4, 5; pl. 200, fig. 1-right; leaves; Feijiajie of Shangzhi, Heilongjiang; Late Cretaceous Sunwu Formation.

Cercidiphyllum sp.

1984　*Cercidiphyllum* sp., Wang Xifu, p. 300, pl. 176, figs. 7, 8; leaves; Ximalin of Wanquan, Hebei; Late Cretaceous Tujingzi Formation.

△Genus *Chaoyangia* Duan, 1998 (1997) (in Chinese and English)

1997　Duan Shuying, p. 519. (in Chinese)

1998　Duan Shuying, p. 15. (in English)

1999　Wu Shunqing, p. 22.

2000　Guo Shuangxing, Wu Xiangwu, pp. 83, 88.

Type species: *Chaoyangia liangii* Duan, 1998(1997)

Taxonomic status: Angiospermae[Notes: The type species of the genus was later referred into Chlamydopsida or Gnetales (Guo Shuangxing, Wu Xiangwu, 2000; Wu Shunqing, 1999)]

△*Chaoyangia liangii* **Duan, 1998 (1997)** (in Chinese and English)

1997　Duan Shuying, p. 519, figs. 1 — 4; female reproductive organs; angiosperm; No. : 9341; Holotype: 9341 [comprising fossil part (fig. 1) and counterpart (fig. 2)]; Chaoyang, Liaoning; Late Jurassic Yixian Formation. (Notes: The repository of the type specimens was not mentioned in the original paper) (in Chinese)

1998　Duan Shuying, p. 15, figs. 1 — 4; fossil plant female reproductive organs; angiosperm; No. : 9341; Holotype: 9341 [comprising fossil part (fig. 1) and counterpart (fig. 2)]; Chaoyang, Liaoning; Late Jurassic Yixian Formation. (Notes: The repository of the type specimens was not mentioned in the original paper) (in English)

1999　Wu Shunqing, p. 22, pl. 14, figs. 1, 1a, 2, 2a, 4, 4a; pl. 15, figs. 2, 2a; female reproductive organs; Chaoyang, Liaoning; Late Jurassic Yixian Formation.

2000　Guo Shangxing, Wu xiangwu, p. 83, 88.

2001　Zhang Miman (editor-in-chief), fig. 163; female reproductive organs; Chaoyang, Liaoning; Late Jurassic Yixian Formation. (in Chinese)

2003　Zhang Miman (editor-in-chief), fig. 242; female reproductive organs; Chaoyang, Liaoning; Late Jurassic Yixian Formation. (in English)

△**Genus** *Chengzihella* **Guo et Sun, 1992**

1992　Guo Shuangxing, Sun Ge, in Sun Ge and others, p. 546. (in Chinese)

1993　Guo Shuangxing, Sun Ge, in Sun Ge and others, p. 254. (in English)

1993a　Wu Xiangwu, pp. 161, 245.

Type species: *Chengzihella obovata* Guo et Sun, 1992

Taxonomic status: Dicotyledoneae

△*Chengzihella obovata* **Guo et Sun, 1992**

1992　Guo Shuangxing, Sun Ge, in Sun Ge and others, p. 254, pl. 1, figs. 4 — 9; leaves; Reg. No. : PB16768 — PB16772; Holotype: PB16768 (pl. 1, fig. 4); Repository: Nanjing Institute of Geology and Palaeontology, Chinese Academy of Sciences; Chengzihe of Jixi, Heilongjiang; Early Cretaceous upper part of Chengzihe Formation. (in Chinese)

1993　Guo Shuangxing, Sun Ge, in Sun Ge and others, p. 254, pl. 1, figs. 4 — 9; leaves; Reg. No. : PB16768 — PB16772; Holotype: PB16768 (pl. 1, fig. 4); Repository: Nanjing Institute of Geology and Palaeontology, Chinese Academy of Sciences; Chengzihe of Jixi, Heilongjiang; Early Cretaceous upper part of Chengzihe Formation. (in English)

1993a　Wu Xiangwu, pp. 161, 245.

Genus *Cinnamomum* Boehmer, 1760

1979　Guo Shuangxing, pl. 1, figs. 3 — 5.

1993a　Wu Xiangwu, p. 65.

Type species: (living genus)

Taxonomic status: Lauraceae, Dicotyledoneae

Cinnamomum hesperium Knowlton

1979　Guo Shuangxing, pl. 1, figs. 3 — 5; leaves; Naxiaocun of Nalou, Yongning, Guangxi; Late Cretaceous Bali Formation.

1993a　Wu Xiangwu, p. 65.

Cinnamomum newberryi Berry

1979　Guo Shuangxing, pl. 1, figs. 10; leaf; Naxiaocun of Nalou, Yongning, Guangxi; Late Cretaceous Bali Formation.

1993a　Wu Xiangwu, p. 65.

Genus *Cissites* Debey, 1866

1866　Debey, in Capellini, Heer, p. 11.

1978　Yang Xuelin and others, pl. 2, fig. 7.

1993a　Wu Xiangwu, p. 64.

Type species: *Cissites aceroides* Debey, 1866

Taxonomic status: Dicotyledoneae

Cissites aceroides Debey, 1866

1866　Debey, in Capellini, Heer, p. 11, pl. 2, fig. 5.

1993a　Wu Xiangwu, p. 64.

2000　Guo Shuangxing, p. 237.

△*Cissites hunchunensis* Guo, 2000 (in English)

2000　Guo Shuangxing, p. 237, pl. 4, fig. 8; pl. 8, figs. 1 — 3; leaves; Reg. No. : PB18672, PB18673, PB18675, PB18676; Holotype: PB18673 (pl. 8, fig. 1); Repository: Nanjing Institute of Geology and Palaeontology, Chinese Academy of Sciences; Hunchun, Jilin; Late Cretaceous Hunchun Formation.

△*Cissites jingxiensis* Wang, 1984

1984　Wang Ziqiang, p. 293, pl. 153, figs. 11 — 16; leaves; No. P0457 — P0462; Syntype 1: P0457 (pl. 153, fig. 11); Syntype 2: P0461 (pl. 153, fig. 15); Repository: Nanjing Institute of Geology and Palaeontology, Chinese Academy of Sciences; West Hill,

Beijing; Late Cretaceous Xiazhuang Formation. [Notes: According to *International Nomencluture of Fossil Plants* (*Vienna Code*) 37. 2, from the year 1958, the holotype type specimen should be unique]

Cissites sp.

1980   *Cissites* sp., Li Xingxue, Ye Meina, pl. 3, fig. 6; leaf; Shansong of Jiaohe Basin, Jilin; Early Cretaceous Moshilazi Formation. [Notes: This specimen lately was referred as *Vitiphyllum* sp. (Li Xingxue and others, 1986)]

Cissites? sp.

1978   *Cissites*? sp., Yang Xuelin and others, pl. 2, fig. 7; leaf; Shansong of Jiaohe Basin, Jilin; Early Cretaceous Moshilazi Formation. [Notes: This specimen lately was referred as *Vitiphyllum* sp. (Li Xingxue and others, 1986)]

1993a   *Cissites*? sp., Wu Xiangwu, p. 64.

Genus *Cissus* Linné

1986a, b   Tao Junrong, Xiong Xianzheng, p. 129.

1993a   Wu Xiangwu, p. 65.

Type species: (living genus)

Taxonomic status: Vitaceae, Dicotyledoneae

Cissus marginata (Lesquereux) Brown, 1962

1873   *Viburnum marginata* Lesquereux, p. 395.

1878   *Viburnum marginata* Lesquereux, p. 223, pl. 37, fig. 11; pl. 38, figs. 1 — 4. (Notes: no fig. 5, which is a small leaf of *Ficus planicostata* Lesquereux)

1962   Brown, p. 79, pl. 53, figs. 1 — 6; pl. 54, figs. 1 — 4; pl. 55, figs. 4, 6, 7; leaves; Rocky Mountains and the Great Plains; Paleocene.

1986a, b   Tao Junrong, Xiong Xianzheng, p. 129, pl. 5, fig. 6; leaf; Jiayin, Heilongjiang; Late Cretaceous Wuyun Formation.

1993a   Wu Xiangwu, p. 65.

△Genus *Clematites* ex Tao et Zhang, 1990, Wu emend, 1993

[Notes: The generic name was originally not mentioned clearly as a new generic name (See Wu Xiangwu, 1993a, 1993b)]

1990   Tao Junrong, Zhang Chuanbo, pp. 221, 226.

1993a   Wu Xiangwu, pp. 12, 217.

1993b   Wu Xiangwu, pp. 508, 511.

Type species: *Clematites lanceolatus* Tao et Zhang, 1990

Taxonomic status: Ranunculaceae?, Dicotyledoneae

△*Clematites lanceolatus* Tao et Zhang, 1990

1990　Tao Junrong, Zhang Chuanbo, pp. 221, 226, pl. 1, fig. 9; text-fig. 4; leaf; No. ; $K_1 d_{41-3}$; Repository: Institute of Botany, the Chinese Academy of Sciences; Yanji, Jilin; Early Cretaceous Dalazi Formation.

1993a　Wu Xiangwu, pp. 12, 217.

1993b　Wu Xiangwu, pp. 508, 571.

2005　Zhang Guangfu, pl. 1, fig. 3; leaf; Jilin; Early Cretaceous Dalazi Formation.

Genus *Corylites* Gardner J S, 1887

1887　Gardner J S, p. 290.

1986a, b　Tao Junrong, Xiong Xianzheng, p. 127.

1993a　Wu Xiangwu, p. 68.

Type species: *Corylites macquarrii* Gardner J S, 1887

Taxonomic status: Corylaceae, Dicotyledoneae

Corylites macquarrii Gardner J S, 1887

1887　Gardner J S, p. 290, pl. 15, fig. 3; leaf; Atanekerdluk, Isel of Mull, Scotland; Miocene.

1993a　Wu Xiangwu, p. 68.

Corylites fosteri (Ward) Bell, 1949

1886　*Corylus rostrata* Ward, p. 551, pl. 39, figs. 1 — 4.

1887　*Corylus rostrata* Ward, p. 29, pl. 13, figs. 1 — 4.

1889　*Corylus rostrata fosteri* Newberry, p. 63, pl. 32, figs. 1 — 3.

1949　Bell, p. 53, pl. 33, figs. 1 — 5, 7; leaves; Western Alberta, Canada; Paleacene (Paskapoo Formation).

1986a, b　Tao Junrong, Xiong Xianzheng, p. 127, pl. 8, fig. 6; leaf; Jiayin, Heilongjiang; Late Cretaceous Wuyun Formation.

1993a　Wu Xiangwu, p. 68.

△*Corylites hunchunensis* Guo, 2000 (in English)

2000　Guo Shuangxing, p. 232, pl. 2, fig. 7; pl. 3, fig. 6; pl. 7, figs. 1, 2a, 3, 5; leaves; Reg. No. : PB18615 — PB18620; Holotype: PB18617 (pl. 7, fig. 1); Repository: Nanjing Institute of Geology and Palaeontology, Chinese Academy of Sciences; Hunchun, Jilin; Late Cretaceous Hunchun Formation.

Genus *Corylopsiphyllum* Koch, 1963

1963　Koch, p. 50.

2000　Guo Shuangxing, p. 234.

Type species: *Corylopsiphyllum groenlandicum* Koch, 1963

Taxonomic status: Hamamelidaceae, Dicotyledoneae

Corylopsiphyllum groenlandicum Koch, 1963

1963   Koch, p. 50. pl. 20, fig. 2; pls. 21, 22; leaves; central Nugssuaq Peninsula, Northwest Greenland; lower Paleocene.

2000   Guo Shuangxing, p. 234.

△*Corylopsiphyllum jilinense* Guo, 2000 (in English)

2000   Guo Shuangxing, p. 234, pl. 4, figs. 7, 19; leaves; Reg. No.: PB18634, PB18635; Holotype: PB18635 (pl. 4, fig. 19); Repository: Nanjing Institute of Geology and Palaeontology, Chinese Academy of Sciences; Hunchun, Jilin; Late Cretaceous Hunchun Formation.

Genus *Corylus* Linné, 1753

1980   Zhang Zhicheng, p. 323.

1993a   Wu Xiangwu, p. 68.

Type species: (living genus)

Taxonomic status: Corylaceae, Dicotyledoneae

Corylus kenaiana Hollick

1980   Zhang Zhicheng, p. 323, pl. 204, fig. 6; leaf; Feijiajie of Shangzhi, Heilongjiang; Late Cretaceous Sunwu Formation.

1993a   Wu Xiangwu, p. 68.

Genus *Credneria* Zenker, 1883

1883   Zenker, p. 17.

1986a, b   Tao Junrong, Xiong Xianzheng, p. 129.

1993a   Wu Xiangwu, p. 68.

Type species: *Credneria integerrima* Zenker, 1883

Taxonomic status: Dicotyledoneae

Credneria integerrima Zenker, 1883

1883   Zenker, p. 17, pl. 2, fig. F; leaf; Blankenburg, Germany; Late Cretaceous.

1993a   Wu Xiangwu, p. 68.

Credneria inordinata Hollick, 1930

1930   Hollick, p. 86, pl. 56, fig. 3; pl. 57, figs. 2, 3; leaves; Alaska, America; Late Cretaceous Kaltag Formation.

1986a,b　Tao Junrong, Xiong Xianzheng, p. 129, pl. 5, fig. 7; pl. 6, fig. 9; leaves; Jiayin, Heilongjiang; Late Cretaceous Wuyun Formation.

1993a　Wu Xiangwu, p. 68.

△Genus *Cycadicotis* Pan, 1983 (nom. nud.)

1983　Pan Guang, p. 1520. (in Chinese)

1983　Li Jieru, p. 22.

1984　Pan Guang, p. 958. (in English)

1993a　Wu Xiangwu, pp. 163, 249.

1993b　Wu Xiangwu, pp. 508, 511.

Type species: *Cycadicotis nissonervis* Pan (MS) ex Li, 1983 [Notes: Generic name was given only, without specific name (or type species) in the original paper; *Cycadicotis nissonervis* Pan (MS) ex Li was later regarded as the type species (Li Jieru, 1983)]

Taxonomic status: Sinodicotiaceae, "hemiangiosperms" (Pan Guang, 1983, 1984) or Cycadophytes (Li Jieru, 1983)

△*Cycadicotis nissonervis* Pan (MS) ex Li, 1983 (nom. nud.)

1983　*Cycadicotis nissonervis* Pan (MS) ex Li, Li Jieru, p. 22, pl. 2, fig. 3; leaf and reproductive organ-like appendage; No. : Jp1h2-30; Repository: Regional Geological Surveying Team, Bureau of Geology and Mineral Resources of Liaoning Province; Houfulongshan of Nanpiao, Liaoning; Middle Jurassic Haifanggou Formation.

1987　*Cycadicotis nissonervis* Pan, Zhang Wu, Zheng Shaolin, pl. 26, figs. 7 — 10; text-figs. 25d — 25i; leaves and reproductive organ-like appendages; Houfulongshan of Nanpiao, Liaoning; Middle Jurassic Haifanggou Formation. [Notes: The specimens lately was refered by Zheng Shaolin and others (2003) to *Anomozamites haifanggouensis* (Kimura, Ohana, Zhao et Geng) Zheng et Zhang]

1994　*Cycadicotis nissonervis* Pan, Kimura and others p. 258, text-figs. 5 — 7 [= Zhang Wu, Zheng Shaolin (1987), pl. 26, figs. 7, 9, 10]; leaves; Houfulongshan of Nanpiao, Liaoning; Middle Jurassic Haifanggou Formation.

Cycadicotis sp. indet.

(Notes: Generic name was given only, without specific name or type species in the original paper)

1983　*Cycadicotis* sp. indet., Pan Guang, p. 1520; Yanshan – Liaoning area, North China (45° 58′N, 120°21′E); Middle Jurassic Haifanggou Formation. (in Chinese)

1984　*Cycadicotis* sp. indet., Pan Guang, p. 958; Yanshan – Liaoning area, North China (45°58′ N, 120°21′E); Middle Jurassic Haifanggou Formation. (in English)

1993a　Wu Xiangwu, pp. 163, 249.

1993b　Wu Xiangwu, pp. 508, 511.

Genus *Cycrocarya* I'Ijiskaja

1986a,b   Tao Junrong,Xiong Xianzheng,p. 127.

1993a   Wu Xiangwu,p. 72.

Type species:(living genus)

Taxonomic status:Juglandaceae,Dicotyledoneae

△*Cycrocarya macroptera* Tao,1986

1986a,b   Tao Junrong,in Tao Junrong,Xiong Xianzheng, p. 127,pl. 10,fig. 5;samara;No. : 52433;Jiayin,Heilongjiang;Late Cretaceous Wuyun Formation.

1993a   Wu Xiangwu,p. 72.

Genus *Cyperacites* Schimper,1870

1870 (1869 — 1874)   Schimper,p. 413.

1975   Guo Shuangxing,p. 413.

1993a   Wu Xiangwu,p. 74.

Type species:*Cyperacites dubius* (Heer) Schimper,1870

Taxonomic status:Cyparaceae,Monocotyledoneae

***Cyperacites dubius* (Heer) Schimper,1870**

1855   *Cyperites dubius* Heer,p. 75,pl. 27,fig. 8;Oensingen,Switzerland;Tertiary.

1870 (1869 — 1874)   Schimper,p. 413.

1993a   Wu Xiangwu,p. 74.

***Cyperacites* sp.**

1975   *Cyperacites* sp.,Guo Shuangxing,p. 413,pl. 3,fig. 6;leaf;Sakya,Tibet;Late Cretaceous Xigaze Group.

1993a   *Cyperacites* sp.,Wu Xiangwu,p. 74.

Genus *Debeya* Miquel,1853

1853   Miquel,p. 6.

1986a,b   Tao Junrong,Xiong Xianzheng,p. 131.

1993a   Wu Xiangwu,p. 75.

Type species:*Debeya serrata* Miquel,1853

Taxonomic status:Moraceae,Dicotyledoneae

Debeya serrata Miquel, 1853

1853   Miquel, p. 6, pl. 1, fig. 1; leaf; near Kunraad, Belgium; Late Cretaceous (Senonian).

1993a Wu Xiangwu, p. 75.

Debeya tikhonovichii (Kryshtofovich) Krassilov, 1973

1973   Krassilov, p. 108, pl. 21, figs. 26 — 34.

1986a, b   Tao Junrong, Xiong Xianzheng, p. 131, pl. 6, fig. 8; leaf; Jiayin, Heilongjiang; Late Cretaceous Wuyun Formation.

1993a Wu Xiangwu, p. 75.

Genus *Dianella* Lam, 1786

1982   Geng Guocang, Tao Junrong, p. 121.

1993a Wu Xiangwu, p. 76.

Type species: (living genus)

Taxonomic status: Liliaceae, Monocotyledoneae

△*Dianella longifolia* Tao, 1982

1982   Tao Junrong, in Geng Guocang, Tao Junrong, p. 121, pl. 10, figs. 2, 3; leaves; No. : 51877A; Donggar of Xigaze, Tibet; Late Cretaceous — Eocene Qiuwu Formation.

1993a Wu Xiangwu, p. 76.

Genus *Dicotylophyllum* Saporta, 1894 (non Bandulska, 1923)

1894   Saporta, p. 147.

1975   Guo Shuangxing, p. 421.

1993a Wu Xiangwu, p. 76.

Type species: *Dicotylophyllum cerciforme* Saporta, 1894

Taxonomic status: Dicotyledoneae

Dicotylophyllum cerciforme Saporta, 1894

1894   Saporta, p. 147, pl. 26, fig. 14; leaf; Portugal; Cretaceous.

1975   Guo Shuangxing, p. 421.

1993a Wu Xiangwu, p. 76.

△*Dicotylophyllum hunchuniphyllum* Guo, 2000 (in English)

2000   Guo Shuangxing, p. 238, pl. 8, fig. 7; leaf; Reg. No. : PB18681; Holotype: PB18681 (pl. 8, fig. 7); Repository: Nanjing Institute of Geology and Palaeontology, Chinese Academy of Sciences; Hunchun, Jilin; Late Cretaceous Hunchun Formation.

△*Dicotylophyllum minutissimus* Li, 2003 (in Chinese and English)

2003a Li Haomin, p. 376, figs. 1 (a)— 1 (f), 2; leaves; Reg. No. : PB19793, PB19794; Holotype:

PB19793[figs. 1 (a),1 (c),1 (f)];Isotype:PB19794[figs. 1 (b),1 (d)];Repository:
Nanjing Institute of Geology and Palaeontology,Chinese Academy of Sciences;Wuhe,
Anhui;Early Cretaceous Xinzhuang Formation. (in Chinese)

2003b Li Haomin,p. 611,figs. 1 (a)— 1 (f),2;leaves;Reg. :PB19793,PB19794;Holotype:
PB19793[figs. 1 (a),1 (c),1 (f)];Isotype:PB19794[figs. 1 (b),1 (d)];Repository:
Nanjing Institute of Geology and Palaeontology,Chinese Academy of Sciences;Wuhe,
Anhui;Early Cretaceous Xinzhuang Formation. (in English)

Dicotylophyllum rhomboidale Vachrameev,1952

1952   Vachrameev,p. 269,pl. 42,figs. 1 — 3.

1994   Zheng Shaolin,Zhang Ying,p. 760,pl. 3,figs. 3 — 8;leaves;Zhaodong of Anda,Songliao
Basin;late Early Cretaceous member 3 of Quantou Formation.

△*Dicotylophyllum subpyrifolium* Guo,2000 (in English)

2000   Guo Shuangxing, p. 239, pl. 2, fig. 13; leaf; Reg. No. : PB18682; Holotype: PB18682
(pl. 2, fig. 13); Repository: Nanjing Institute of Geology and Palaeontology, Chinese
Academy of Sciences;Hunchun,Jilin;Late Cretaceous Hunchun Formation.

Dicotylophyllum spp.

1975   *Dicotylophyllum* sp., Guo Shuangxing, p. 421, pl. 3, fig. 5; leaf; Sakya, Tibet; Late
Cretaceous Xigaze Group.

1981   *Dicotylophyllum* sp., Zhang Zhicheng, p. 157, pl. 2, fig. 5; leaf; Mudanjiang,
Heilongjiang;Late Cretaceous Houshigou Formation.

1984   *Dicotylophyllum* sp., Zhang Zhicheng, p. 127, pl. 4, fig. 3; pl. 6, fig. 6; leaves; Jiayin,
Heilongjiang;Late Cretaceous Taipinglinchang Formation.

1990   *Dicotylophyllum* sp.,Zhou Zhiyan and others,pp. 418,424,pl. 1,figs. 1 — 1b;text-fig.
1B;leaves;Ping Chau Island,Hongkong;Early Cretaceous Albian.

1993a *Dicotylophyllum* sp.,Wu Xiangwu,p. 76.

1994   *Dicotylophyllum* sp. 1,Zheng Shaolin,Zhang Ying,p. 760,pl. 3,fig. 9;leaf;Zhaodong of
Anda,Songliao Basin;late Early Cretaceous member 3 of Quantou Formation.

1994   *Dicotylophyllum* sp. 2,Zheng Shaolin,Zhang Ying,p. 760,pl. 3,fig. 10;leaf;Zhaodong
of Anda,Songliao Basin;late Early Cretaceous member 3 of Quantou Formation.

1995a *Dicotylophyllum* sp.,Li Xingxue (editor-in-chief),pl. 114,figs. 9,11;pl. 115,fig. 1;
leaves;Pingzhou Island,Hongkong;Early Cretaceous Pingzhou Formation (Ping Chau
Formation) (in Zhou Zhiyan and others,1990). (in Chinese)

1995b *Dicotylophyllum* sp.,Li Xingxue (editor-in-chief),pl. 114,figs. 9,11;pl. 115,fig. 1;
leaf;Pingzhou Island,Hongkong;Early Cretaceous Pingzhou Formation (in Zhou Zhiyan
and others,1990). (in English)

1998   *Dicotylophyllum* sp. 1, Liu Yusheng, p. 74, pl. 3, fig. 16; leaf; Pingzhou Island,
Hongkong;Late Cretaceous Pingzhou Formation.

1998   *Dicotylophyllum* sp. 2, Liu Yusheng, p. 74, pl. 3, fig. 17; leaf; Pingzhou Island,
Hongkong;Late Cretaceous Pingzhou Formation.

1998   *Dicotylophyllum* sp. 3, Liu Yusheng, p. 75, pl. 4, fig. 1; leaf; Pingzhou Island,

Hongkong; Late Cretaceous Pingzhou Formation.

1998   *Dicotylophyllum* sp. 4, Liu Yusheng, p. 75, pl. 4, fig. 2; leaf; Pingzhou Island, Hongkong; Late Cretaceous Pingzhou Formation.

1998   *Dicotylophyllum* sp. 5, Liu Yusheng, p. 75, pl. 4, fig. 4; leaf; Pingzhou Island, Hongkong; Late Cretaceous Pingzhou Formation.

1998   *Dicotylophyllum* sp. 6, Liu Yusheng, p. 75, pl. 4, fig. 7; leaf; Pingzhou Island, Hongkong; Late Cretaceous Pingzhou Formation.

1998   *Dicotylophyllum* sp. 7, Liu Yusheng, p. 75, pl. 4, figs. 8, 11; leaves; Pingzhou Island, Hongkong; Late Cretaceous Pingzhou Formation.

1998   *Dicotylophyllum* sp. 8, Liu Yusheng, p. 76, pl. 3, fig. 15; pl. 4, fig. 12; leaves; Pingzhou Island, Hongkong; Late Cretaceous Pingzhou Formation.

1998   *Dicotylophyllum* sp. 9, Liu Yusheng, p. 76, pl. 23, fig. 3; leaf; Pingzhou Island, Hongkong; Late Cretaceous Pingzhou Formation.

1998   *Dicotylophyllum* sp. 10, Liu Yusheng, p. 76, pl. 5, figs. 4, 8; leaves; Pingzhou Island, Hongkong; Late Cretaceous Pingzhou Formation.

1998   *Dicotylophyllum* sp. 11, Liu Yusheng, p. 76, pl. 5, fig. 5; leaf; Pingzhou Island, Hongkong; Late Cretaceous Pingzhou Formation.

2005   *Dicotylophyllum* sp., Zhang Guangfu, pl. 1, fig. 5; leaf; Jilin; Early Cretaceous Dalazi Formation.

Genus *Dicotylophyllum* Bandulska, 1923 (non Saporta, 1894)

[Notes: This generic name *Dicotylophyllum* Bandulska, 1923 is a homonym junius of *Dicotylophyllum* Saporta, 1894 (Wu Xiangwu, 1993a)]

1923   Bandulska, p. 244.

1993a   Wu Xiangwu, p. 76.

Type species: *Dicotylophyllum stopesii* Bandulska, 1923

Taxonomic status: Dicotyledoneae

Dicotylophyllum stopesii Bandulska, 1923

1923   Bandulska, p. 244, pl. 20, figs. 1 — 4; leaves; Bournemouth, England; Eocene.

1993a   Wu Xiangwu, p. 76.

Genus *Diospyros* Linné, 1753

1984   Guo Shuangxing, p. 88.

1993a   Wu Xiangwu, p. 78.

Type species: (living genus)

Taxonomic status: Ebenaceae, Dicotyledoneae

Diospyros rotundifolia Lesquereux, 1874

1874 Lesquereux, p. 89, pl. 30, fig. 1; leaf; America; Late Cretaceous.

1984 Guo Shuangxing, p. 88, pl. 1, fig. 8; leaf; Durbud, Heilongjiang; Late Cretaceous upper part of Qingshankou Formation.

1993a Wu Xiangwu, p. 78.

Genus *Dryophyllum* Debey in Saporta, 1865

1865 Debey, in Saporta, p. 46.

1984 Guo Shuangxing, p. 86.

1993a Wu Xiangwu, p. 78.

Type species: *Dryophyllum subcretaceum* Debey in Saporta, 1865

Taxonomic status: Dicotyledoneae

Dryophyllum subcretaceum Debey in Saporta, 1865

1865 Debey, in Saporta, p. 46, leaf; Sézanne, France; Eocene.

1868 Saporta, p. 347, pl. 26, figs. 1 — 3; leaves; Sézanne, France; Eocene.

1984 Guo Shuangxing, p. 86, pl. 1, figs. 1, 1a; leaves; Durbud, Heilongjiang; Late Cretaceous upper part of Qingshankou Formation.

1993a Wu Xiangwu, p. 78.

△Genus *Eragrosites* Cao et Wu S Q, 1998 (1997) (in Chinese and English)

[Notes: The type species of the genus lately was referred into Gnetales or Chlamydopsida and named as *Ephedrites chenii* (Cao et Wu S Q) Guo et Wu X W (Guo Shuangxing, Wu Xiangwu, 2000), or into Gnetales, as *Liaoxia chenii* (Cao et Wu S Q) Wu S Q(Wu Shunqing, 1999)]

1997 Cao Zhengyao, Wu Shunqing, in Cao Zhengyao and others, p. 1765. (in Chinese)

1998 Cao Zhengyao, Wu Shunqing, in Cao Zhengyao and others, p. 231. (in English)

Type species: *Eragrosites changii* Cao et Wu S Q, 1998 (1997)

Taxonomicstatus: Gramineae, Monocotyledoneae

△*Eragrosites changii* Cao et Wu S Q, 1998 (1997) (in Chinese and English)

1997 Cao Zhengyao, Wu Shunqing, in Cao Zhengyao and others, p. 1765, pl. 2, figs. 1 — 3; text-fig. 1; herbaceous plants, inflorescence branches; Reg. No.: PB17801, PB17802; Holotype: PB17803 (pl. 2, fig. 2); Repository: Nanjing Institute of Geology and Palaeontology, Chinese Academy of Sciences; Shangyuan of Beipiao, Liaoning; Late Jurassic Jianshangou Bed of Yixian Formation. (in Chinese)

1998 Cao Zhengyao, Wu Shunqing, in Cao Zhengyao and others, p. 231, pl. 2, figs. 1 — 3; text-fig. 1; herbaceous plants, inflorescence branches; Reg. No.: PB17801, PB17802; Holotype: PB17803 (pl. 2, fig. 2); Repository: Nanjing Institute of Geology and

Palaeontology, Chinese Academy of Sciences; Shangyuan of Beipiao, Liaoning; Late Jurassic Jianshangou Bed of Yixian Formation. (in English)

Genus *Erenia* Krassilov, 1982

1982   Krassilov, p. 33.

1999   Wu Shunqing, p. 22.

Type species: *Erenia stenoptera* Krassilov, 1982

Taxonomic status: Angiospermae

Erenia stenoptera Krassilov, 1982

1982   Krassilov, p. 33, pl. 18, figs. 238, 239; fruits; Mongolia; Early Cretaceous.

1999   Wu Shunqing, p. 22, pl. 16, figs. 5, 5a; fruits; Huangbanjigou in Shangyuan of Beipiao, western Liaoning; Late Jurassic Jianshangou Bed in lower part of Yixian Formation.

2001   Zhang Miman (editor-in-chief), fig. 165; fruit; Huangbanjigou in Shangyuan of Beipiao, western Liaoning; Late Jurassic Jianshangou Bed in lower part of Yixian Formation. (in Chinese)

2003   Zhang Miman (editor-in-chief), fig. 243; fruit; Huangbanjigou in Shangyuan of Beipiao, western Liaoning; Late Jurassic Jianshangou Bed in lower part of Yixian Formation. (in English)

Genus *Eucalyptus* L'Hertier, 1788

1975   Guo Shuangxing, p. 419.

1993a   Wu Xiangwu, p. 82.

Type species: (living genus)

Taxonomic status: Myrtaceae, Dicotyledoneae

Eucalyptus angusta Velenovsky, 1885

1885   Velenovsky, pl. 3, figs. 2 — 12.

1982   Geng Guocang, Tao Junrong, p. 120, pl. 7, fig. 3; pl. 8, figs. 7, 8; leaves; Donggar of Xigaze, Tibet; Late Cretaceous — Eocene Qiuwu Formation.

Eucalyptus geinitzii Heer, 1882

1869   *Myrtophyllum geinitzii* Heer, p. 22, pl. 11, fig. 3; leaf; Moletein of Moravia, Czechoslovakia; Late Cretaceous.

1882   Heer, p. 93, pl. 19, fig. 1c; pl. 45, figs. 4 — 9; pl. 46, figs. 12c, 12d, 13; leaves; Moletein, Moravia, Czechoslovakia; Late Cretaceous.

1982   Geng Guocang, Tao Junrong, p. 119, pl. 6, figs. 7, 8; , pl. 7, fig. 3; pl. 8, figs. 1 — 6; leaves; Moinser of Gar, Tibet; Late Cretaceous — Eocene Moinser Formation; Donggar of Xigaze, Tibet; Late Cretaceous — Eocene Qiuwu Formation.

△*Eucalyptus oblongifolia* Tao,1982

1982   Tao Junrong,in Geng Guocang,Tao Junrong,p. 120,pl. 5,figs. 1,2;pl. 6,figs. 7,9;pl. 7, fig. 1b;pl. 9, fig. 1;text-fig. 4;leaves;No. : 51868,51876;Moinser of Gar, Tibet;Late Cretaceous—Eocene Moinser Formation. (Notes : The type specimen was not designated in the original paper)

Eucalyptus sp.

1975   *Eucalyptus* sp.,Guo Shuangxing,p. 419,pl. 2,fig. 3;leaf;Xigaze,Tibet;Late Cretaceous Xigaze Group.

1993a *Eucalyptus* sp.,Wu Xiangwu,p. 82.

△Genus *Eucommioites* ex Tao et Zhang,1992

[Notes:The generic name was originally not mentioned clearly as a new generic name,only with speicific name *Eucommioites orientalis* Tao et Zhang,1992]

1992   Tao Junrong,Zhang Chuanbo,pp. 424,425.

Type species:*Eucommioites orientalis* Tao et Zhang,1992

Taxonomic status:Dicotyledoneae

△*Eucommioites orientalis* Tao et Zhang,1992

1992   Tao Junrong, Zhang Chuanbo, p. 424, 425, pl. 1, figs. 7 — 9; samara; No. : 053882; Holotype:053882 (pl. 1, figs. 7 — 9); Repository:Institute of Botany, the Chinese Academy of Sciences;Yanji,Jilin;Early Cretaceous Dalazi Formation.

1995a Li Xingxue (editor-in-chief), pl. 143, fig. 1; samara; Dalazi of Zhixin, Longjing, Jilin; Early Cretaceous Dalazi Formation. (in Chinese)

1995b Li Xingxue (editor-in-chief), pl. 143, fig. 1; samara; Dalazi of Zhixin, Longjing, Jilin; Early Cretaceous Dalazi Formation. (in English)

2000   Sun Ge and others,pl. 4,fig. 3;samara;Dalazi of Zhixin,Longjing,Jilin;Early Cretaceous Dalazi Formation.

Genus *Ficophyllum* Fontaine,1889

1889   Fontaine,p. 291.

1990   *Ficophyllum* sp., Tao Junrong,Zhang Chuanbo,p. 227.

1993a Wu Xiangwu,p. 83.

Type species:*Ficophyllum crassinerve* Fontaine,1889

Taxonomic status:Moraceae,Dicotyledoneae

Ficophyllum crassinerve Fontaine,1889

1889   Fontaine, p. 291, pls. 144 — 148; leaves; Fredericksburg of Virginia, USA; Early

Cretaceous Potomac Group.

1990   Tao Junrong,Zhang Chuanbo,p. 227.

1993a   Wu Xiangwu,p. 83.

2005   Zhang Guangfu,pl. 2,fig. 6;leaf;Jilin;Early Cretaceous Dalazi Formation.

Ficophyllum sp.

1990   *Ficophyllum* sp., Tao Junrong, Zhang Chuanbo, p. 227, pl. 2, fig. 3; leaf; Yanji, Jilin;
        Early Cretaceous Dalazi Formation.

1993a   *Ficophyllum* sp.,Wu Xiangwu,p. 83.

Genus *Ficus* Linné,1753

1975   Guo Shuangxing,p. 416.

1993a   Wu Xiangwu,p. 83.

Type species:(living genus)

Taxonomic status:Moraceae,Dicotyledoneae

Ficus daphnogenoides (Heer) Berry,1905

1866   *Proteoides daphnogenoides* Heer, p. 17, pl. 4, figs. 9, 10; leaves; America; Late
        Cretaceous.

1905   Berry,p. 327,pl. 21.

1975   Guo Shuangxing, p. 416, pl. 2, figs. 1, 6; leaves; Xigaze, Tibet; Late Cretaceous Xigaze
        Group.

1993a   Wu Xiangwu,p. 83.

Ficus myrtifolius Berry,1916

1916   Berry,p. 205,pl. 30,figs. 1 — 3;leaves;America;lower Eocene.

1982   *Ficus myrtifolia* Berry,Geng Guocang,Tao Junrong,p. 117,pl. 7,figs. 1a,2,5;leaves;
        Moinser of Gar,Tibet;Late Cretaceous — Eocene Moinser Formation.

Ficus platanicostata Lesqu.

1980   Zhang Zhicheng,p. 317,pl. 200,fig. 1-left;leaf;Feijiajie of Shangzhi, Heilongjiang;Late
        Cretaceous Sunwu Formation.

Ficus steophensoni Berry,1910

1910   Berry,p. 191,pl. 23,figs. 2,3;leaves;USA;Late Cretaceous.

1982   Geng Guocang,Tao Junrong,p. 116,pl. 1,figs. 6,7;leaves;Gyisum of Ngamring,Tibet;
        Late Cretaceous — Eocene Qiuwu Formation.

△Genus *Filicidicotis* Pan,1983 (nom. nud.)

1983   Pan Guang,p. 1520. (in Chinese)

1984　Pan Guang,p. 958. (in English)

1993a　Wu Xiangwu,pp. 163,249.

1993b　Wu Xiangwu,pp. 508,512.

Type species:(without specific name)

Taxonomic status:"hemiangiosperms"

Filicidicotis sp. indet.

(Notes:Generic name was given only, without specific name or type species in the original paper)

1983　*Filicidicotis* sp. indet.,Pan Guang,p. 1520;Yanshan – Liaoning area, North China(45°58′N,120°21′E);Middle Jurassic Haifanggou Formation. (in Chinese)

1984　*Filicidicotis* sp. indet.,Pan Guang,p. 958;Yanshan – Liaoning area, North China(45°58′N,120°21′E);Middle Jurassic Haifanggou Formation. (in English)

Genus *Graminophyllum* Conwentz,1886

1886　Conwentz,p. 15.

1979　Guo Shuangxing,Li Haomin,p. 557.

1993a　Wu Xiangwu,p. 88.

Type species:*Graminophyllum succineum* Conwentz,1886

Taxonomic status:Graminae,Monocotyledoneae

Graminophyllum succineum Conwentz,1886

1886　Conwentz,p. 15,pl. 1,figs. 18 – 24;leaves;West Prussia;Tertiary.

1993a　Wu Xiangwu,p. 88.

Graminophyllum sp.

1979　*Graminophyllum* sp.,Guo Shuangxing, Li Haomin, p. 557, pl. 3, fig. 8; leaf; Hunchun, Jilin; Late Cretaceous Hunchun Formation.

1993a　*Graminophyllum* sp.,Wu Xiangwu,p. 88.

Genus *Gurvanella* Krassilov,1982

1982　Krassilov,p. 31.

2001　Sun Ge and others,pp. 108,207. (in Chinese and English)

Type species:*Gurvanella dictyoptera* Krassilov,1982,emend Sun,Zheng et Dilcher,2001

Taxonomic status:Angiospermae [Notes:The genus was later referred to Gnetales (Sun Ge and others,2001)]

Gurvanella dictyoptera Krassilov,1982,emend Sun, Zheng et Dilcher,2001

1982　Krassilov,p. 31,pl. 18,figs. 229 – 237;text-fig. 10A;winged fruits;Gurvan-Eren area,

Mongolia; Early Cretaceous. [Notes: The species was later referred to Gnetales (Sun Ge and others, 2001)]

1971   Sun Ge, Zheng Shaolin, Dilcher D L, in Sun Ge and others, pp. 108, 207.

△*Gurvanella exquisites* Sun, Zheng et Dilcher, 2001 (in Chinese and English)

2001   Sun Ge, Zheng Shaolin, Dilcher D L, in Sun Ge and others, pp. 108, 207, pl. 24, figs. 7, 8; pl. 25, fig. 5; pl. 65, figs. 2 — 11; winged seeds; Reg. No. : PB19176 — PB19181, PB19183, ZY3031; Holotype: PB19176 (pl. 24, fig. 8); Repository: Nanjing Institute of Geology and Palaeontology, Chinese Academy of Sciences; western Liaoning; Late Jurassic Jianshangou Formation.

Genus *Hartzia* Nikitin, 1965 (non Harris, 1935)

[Notes: This generic name *Hartzia* Nikitin (1965) is a homonym junius of *Hartzia* Harris (1935) Wu Xiangwu (1993a)]

1965   Nikitin, p. 86.

1970   Andrews, p. 101.

1993a   Wu Xiangwu, p. 89.

Type species: *Hartzia rosenkjari* (Hartz) Nikitin, 1965

Taxonomic status: Cornaceae, Dicotyledoneae

Hartzia rosenkjari (Hartz) Nikitin, 1965

1965   Nikitin, p. 86, pl. 16, figs. 4 — 6, 8; seeds; near Tomsk, western Siberia; Early Miocene.

1970   Andrews, p. 101.

1993a   Wu Xiangwu, p. 89.

△Genus *Illicites* Pan, 1983 (nom. nud.)

1983   Pan Guang, p. 1520. (in Chinese)

1984   Pan Guang, p. 959. (in English)

1993a   Wu Xiangwu, pp. 163, 249.

1993b   Wu Xiangwu, pp. 508, 513.

Type species: (without specific name)

Taxonomic status: "primitive angiosperms"

Illicites sp. indet.

(Notes: Generic name was given only, without specific name or type species in the original paper)

1983   *Illicites* sp. indet., Pan Guang, p. 1520 Yanshan – Liaoning area, North China(45°58′N, 120°21′E); Middle Jurassic Haifanggou Formation. (in Chinese)

1984   *Illicites* sp. indet., Pan Guang, p. 959 Yanshan – Liaoning area, North China(45°58′N,

120°21′E);Middle Jurassic Haifanggou Formation. (in English)

△Genus *Jixia* Guo et Sun,1992

1992　Guo Shuangxing,Sun Ge,in Sun Ge and others,p. 547. (in Chinese)

1993　Guo Shuangxing,Sun Ge,in Sun Ge and others,p. 254. (in English)

1993a Wu Xiangwu,pp. 161,246.

Type species:*Jixia pinnatipartita* Guo et Sun,1992

Taxonomic status:Dicotyledoneae

△*Jixia pinnatipartita* Guo et Sun,1992

1992　Guo Shuangxing,Sun Ge,in Sun Ge and others,p. 547,pl. 1,figs. 10 — 12;pl. 2,fig. 7;
leaves;Reg. No. :PB16773 — PB16775;Holotype:PB16774 (pl. 1,fig. 10);Repository:
Nanjing Institute of Geology and Palaeontology, Chinese Academy of Sciences;
Chengzihe of Jixi, Heilongjiang;Early Cretaceous upper part of Chengzihe Formation.
(in Chinese)

1993　Guo Shuangxing,Sun Ge,in Sun Ge and others,p. 254,pl. 1,figs. 10 — 12;pl. 2,fig. 7;
leaves;Reg. No. :PB16773 — PB16775;Holotype:PB16774 (pl. 1,fig. 10);Repository:
Nanjing Institute of Geology and Palaeontology, Chinese Academy of Sciences;
Chengzihe of Jixi, Heilongjiang;Early Cretaceous upper part of Chengzihe Formation.
(in English)

1993a Wu Xiangwu,pp. 161,246.

1995a Li Xingxue (editor-in-chief), pl. 141, fig. 4; text-fig. 9-2. 3; leaf; Chengzihe of Jixi,
Heilongjiang;Early Cretaceous Chengzihe Formation. (in Chinese)

1995b Li Xingxue (editor-in-chief), pl. 141, fig. 4; text-fig. 9-2. 3; leaf; Chengzihe of Jixi,
Heilongjiang;Early Cretaceous Chengzihe Formation. (in English)

1996　Sun Ge, Dilcher D L, pl. 1, fig. 10; text-fig. 1C; leaf; Chengzihe of Jixi, Heilongjiang;
Early Cretaceous upper part of Chengzihe Formation.

2000　Sun Ge and others, pl. 3, fig. 5; leaf; Chengzihe of Jixi, Heilongjiang; Early Cretaceous
upper part of Chengzihe Formation.

2002　Sun Ge, Dilcher D L, p. 99, pl. 2, figs. 1, 9; text-fig. 4D; leaves; Chengzihe of Jixi,
Heilongjiang;Early Cretaceous upper part of Chengzihe Formation.

△*Jixia chenzihenura* Sun et Dilcher,2002 (in English)

1995a Li Xingxue (editor-in-chief),pl. 141,figs. 5,7;text-figs. 9-2. 4;leaves;Chengzihe of Jixi,
Heilongjiang;Early Cretaceous Chengzihe Formation. (nom. nud.)(in Chinese)

1995b Li Xingxue (editor-in-chief),pl. 141,figs. 5,7;text-figs. 9-2. 4;leaves;Chengzihe of Jixi,
Heilongjiang;Early Cretaceous Chengzihe Formation. (nom. nud.)(in English)

1996　Sun Ge, Dilcher D L, pl. 1, fig. 11; text-fig. 1D; leaf; Chengzihe of Jixi, Heilongjiang;
Early Cretaceous upper part of Chengzihe Formation. (nom. nud.)

2000　Sun Ge and others, pl. 3, fig. 6; leaf; Chengzihe of Jixi, Heilongjiang; Early Cretaceous upper part of Chengzihe Formation. (nom. nud.)

2002　Sun Ge,Dilcher D L,p. 99,pl. 2,figs. 2,3,5 − 8,10,11,13;text-figs. 4F,4I;leaves;Reg. No. :SC10014,SC10015,SC10027,PB16773 − PB16775;Holotype:SC10014 (pl. 2,figs. 2,11);Chengzihe of Jixi, Heilongjiang; Early Cretaceous upper part of Chengzihe Formation.(Notes:The repository of the type specimen was not mentioned in the original paper)

Jixia sp.

2002　*Jixia* sp. Sun Ge,Dilcher D L,p. 101,pl. 2,figs. 4,12;text-fig. 4H;leaves;Chengzihe of Jixi,Heilongjiang;Early Cretaceous upper part of Chengzihe Formation.

Genus *Juglandites* (Brongniart) Sternberg,1825

1825 (1820 − 1838)　Sternberg,p. xl.

1975　Guo Shuangxing,p. 415.

1993a　Wu Xiangwu,p. 93.

Type species:*Juglandites nuxtaurinensis* (Brongniart) Sternberg,1825

Taxonomic status:Juglandaceae,Dicotyledoneae

Juglandites nuxtaurinensis (Brongniart) Sternberg,1825

1822　*Juglans nuxtaurinensis* Brongniart, p. 323, pl. 6, fig. 6; Juglans-like endocarp; Turin, Italy;Miocene.

1825 (1820 − 1838)　Sternberg,p. xl.

1993a　Wu Xiangwu,p. 93.

△*Juglandites polophyllus* Guo et Li,1979

1979　Guo Shuangxing, Li Haomin, p. 553, pl. 1, fig. 6; leaf; Col. No. : Ⅱ-51b; Reg. No. : PB7444;Holotype:PB7444 (pl. 1,fig. 6);Repository:Nanjing Institute of Geology and Palaeontology,Chinese Academy of Sciences;Hunchun,Jilin;Late Cretaceous Hunchun Formation.

Juglandites sinuatus Lesquereux,1892

1892　Lesquereux, p. 71, pl. 35, figs. 9 − 11; leaves; America; Late Cretaceous Dakota Formation.

1975　Guo Shuangxing,p. 415,pl. 2,figs. 6,6a,7;leaves;Xigaze,Tibet;Late Cretaceous Xigaze Group.

1993a　Wu Xiangwu,p. 93.

△Genus *Juradicotis* Pan,1983 (nom. nud.)

1983　Pan Guang,p. 1520. (in Chinese)

1984　Pan Guang,p. 958.（in English)

1993a　Wu Xiangwu,p. 163,249.

1993b　Wu Xiangwu,p. 508,514.

Type species:（without specific name)

Taxonomic status:"hemiangiosperms"

Juradicotis sp. indet.

（Notes:Generic name was given only,without specific name or type species in the original paper)

1983　*Juradicotis* sp. indet.,Pan Guang,p. 1520;Yanshan－Liaoning area, North China(45° 58'N,120°21'E);Middle Jurassic Haifanggou Formation.（in Chinese)

1984　*Juradicotis* sp. indet.,Pan Guang,p. 958;Yanshan－Liaoning area, North China(45°58' N,120°21'E);Middle Jurassic Haifanggou Formation.（in English)

△*Juradicotis elrecta* Pan (MS) ex Kimura et al. ,1994（nom. nud.)

1994　Pan Guang, in Kimura and others, p. 258, fig. 8; leaf and reproductive organ-like appendage; No. : L0407A; Houfulongshan of Nanpiao, Liaoning; Middle Jurassic Haifanggou Formation. ［Notes: The specimens was referred by Kimura and others (1994) to *Pankuangia haifanggouensis* Kimura,Ohana,Zhao et Geng and by Zheng Shaoling and others (2003) to *Anomozamites haifanggouensis* (Kimura,Ohana,Zhao et Geng) Zheng et Zhang］

△Genus *Juramagnolia* Pan,1983（nom. nud.)

1983　Pan Guang,p. 1520.（in Chinese)

1984　Pan Guang,p. 959.（in English)

1993a　Wu Xiangwu,pp. 163,249.

1993b　Wu Xiangwu,pp. 508,514.

Type species:（without specific name)

Taxonomic status:"primitive angiosperms"

Juramagnolia sp. indet.

（Notes:Generic name was given only,without specific name or type species in the original paper)

1983　*Juramagnolia* sp. indet. , Pan Guang,p. 1520;Yanshan－Liaoning area, North China (45°58'N,120°21'E);Middle Jurassic Haifanggou Formation.（in Chinese)

1984　*Juramagnolia* sp. indet. , Pan Guang,p. 959;Yanshan－Liaoning area, North China (45°58'N,120°21'E);Middle Jurassic Haifanggou Formation.（in English)

△**Genus *Kadsurrites* Pan, 1983** (nom. nud.)

1983　Pan Guang, p. 1520. (in Chinese)

1984　Pan Guang, p. 959. (in English)

1993a　Wu Xiangwu, pp. 163, 249.

1993b　Wu Xiangwu, pp. 508, 514.

Type species: (without specific name)

Taxonomic status: "primitive angiosperms"

△***Kadsurrites* sp. indet.**

(Notes: Generic name was given only, without specific name or type species in the original
paper)

1983　*Kadsurrites* sp. indet. Pan Guang, p. 1520; Yanshan – Liaoning area, North China (45°
　　　58′N, 120°21′E); Middle Jurassic Haifanggou Formation. (in Chinese)

1984　*Kadsurrites* sp. indet. Pan Guang, p. 959; Yanshan – Liaoning area, North China (45°58′
　　　N, 120°21′E); Middle Jurassic Haifanggou Formation. (in English)

Genus *Laurophyllum* Goeppert, 1854

1854　Goeppert, p. 45.

1975　Guo Shuangxing, p. 418.

1993a　Wu Xiangwu, p. 94.

Type species: *Laurophyllum beilschiedioides* Goeppert, 1854

Taxonomic status: Lauraceae, Dicotyledoneae

***Laurophyllum beilschiedioides* Goeppert, 1854**

1854　Goeppert, p. 45, pl. 10, fig. 65a; pl. 11, figs. 66, 68; leaves; Java Indonesia; Eocene.

1993a　Wu Xiangwu, p. 94.

***Laurophyllum* spp.**

1975　*Laurophyllum* sp., Guo Shuangxing, p. 418, pl. 3, figs. 8, 9; leaves; Xigaze, Tibet; Late
　　　Cretaceous Xigaze Group.

1984　*Laurophyllum* sp., Zhang Zhicheng, p. 127, pl. 8, fig. 1; leaf; Jiayin, Heilongjiang; Late
　　　Cretaceous Taipinglinchang Formation.

1993a　*Laurophyllum* sp., Wu Xiangwu, p. 94.

1998　*Laurophyllum* sp., Liu Yusheng, p. 77, pl. 4, figs. 5, 6; leaves; Ping Chau Island,
　　　Hongkong; Late Cretaceous Ping Chau Formation.

Genus *Leguminosites* Bowerbank, 1840

1840   Bowerbank, p. 125.

1975   Guo Shuangxing, p. 418.

1993a   Wu Xiangwu, p. 95.

Type species: *Leguminosites subovatus* Bowerbank, 1840

Taxonomic status: Leguminosae, Dicotyledoneae

Leguminosites subovatus Bowerbank, 1840

1840   Bowerbank, p. 125, pl. 17, figs. 1,2; seeds; Sheppey, Kent, England; Eocene.

1993a   Wu Xiangwu, p. 95.

Leguminosites spp.

1975   *Leguminosites* sp., Guo Shuangxing, p. 418, pl. 3, figs. 1,3; leaves; Xigaze, Tibet; Late Cretaceous Xigaze Group.

1979   *Leguminosites* sp., Guo Shuangxing, Li Haomin, p. 557, pl. 1, fig. 8; leaf; Hunchun, Jilin; Late Cretaceous Hunchun Formation.

1990   *Leguminosites* sp., Tao Junrong, Zhang Chuanbo, p. 228, pl. 1, figs. 11,12; leaves; Yanji, Jilin; Early Cretaceous Dalazi Formation.

1993a   *Leguminosites* sp., Wu Xiangwu, p. 95.

2000   *Leguminosites* sp., Guo Shuangxing, p. 236, pl. 2, fig. 14; leaf; Hunchun of Jilin; Late Cretaceous Hunchun Formation.

△Genus *Lianshanus* Pan, 1983 (nom. nud.)

1983   Pan Guang, p. 1520. (in Chinese)

1984   Pan Guang, p. 959. (in English)

1993a   Wu Xiangwu, pp. 164,249.

1993b   Wu Xiangwu, pp. 508,514.

Type species: (without specific name)

Taxonomic status: "primitive angiosperms"

Lianshanus sp. indet.

(Notes: Generic name was given only, without specific name or type species in the original paper)

1983   *Lianshanus* sp. indet., Pan Guang, p. 1520; Yanshan – Liaoning area, North China (45° 58′N,120°21′E); Middle Jurassic Haifanggou Formation. (in Chinese)

1984   *Lianshanus* sp. indet., Pan Guang, p. 959; Yanshan – Liaoning area, North China (45°58′ N,120°21′E); Middle Jurassic Haifanggou Formation. (in English)

△**Genus *Liaoningdicotis* Pan,1983** (nom. nud.)

1983　Pan Guang,p. 1520. (in Chinese)

1984　Pan Guang,p. 958. (in English)

1993a　Wu Xiangwu,pp. 164,249.

1993b　Wu Xiangwu,pp. 508,514.

Type species:(without specific name)

Taxonomic status:"hemiangiosperms"

Liaoningdicotis **sp. indet.**

(Notes:Generic name was given only, without specific name or type species in the original paper)

1983　*Liaoningdicotis* sp. indet.,Pan Guang,p. 1520；Yanshan － Liaoning area，North China (45°58′N,120°21′E)；Middle Jurassic Haifanggou Formation. (in Chinese)

1984　*Liaoningdicotis* sp. indet.,Pan Guang,p. 958；Yanshan － Liaoning area，North China (45°58′N,120°21′E)；Middle Jurassic Haifanggou Formation. (in English)

△**Genus *Liaoxia* Cao et Wu S Q,1998 (1997)**(in Chinese and English)

[Notes:The type species of the genus lately was referred into Gnetales or Chlamydopsida and named as *Ephedrites chenii* (Cao et Wu S Q) Guo et Wu X W(Guo Shuangxing,Wu Xiangwu,2000)；referred into Gnetales (Wu Shunqing,1999)]

1997　Cao Zhengyao,Wu Shunqing,in Cao Zhengyao and others,p. 1765. (in Chinese)

1998　Cao Zhengyao,Wu Shunqing,in Cao Zhengyao and others,p. 231. (in English)

Type species:*Liaoxia chenii* Cao et Wu S Q,1998 (1997)

Taxonomic status:Cyperaceae,Monocotyledoneae

△***Liaoxia chenii* Cao et Wu S Q,1998 (1997)**(in Chinese and English)

1997　Cao Zhengyao,Wu Shunqing,in Cao Zhengyao and others,p. 1765,pl. 1,figs. 1 － 2c；herbaceous plants；Reg. No. ：PB17800，PB17801；Holotype：PB17800 (pl. 1, fig. 1)；Repository：Nanjing Institute of Geology and Palaeontology, Chinese Academy of Sciences；Shangyuan of Beipiao,Liaoning；Late Jurassic Jianshangou Bed in lower part of Yixian Formation. (in Chinese)

1998　Cao Zhengyao,Wu Shunqing,in Cao Zhengyao and others, p. 231,pl. 1,figs. 1 － 2c；herbaceous plants；Reg. No. ：PB17800，PB17801；Holotype：PB17800 (pl. 1, fig. 1)；Repository：Nanjing Institute of Geology and Palaeontology, Chinese Academy of Sciences；Shangyuan of Beipiao,Liaoning；Late Jurassic Jianshangou Bed in lower part of Yixian Formation. (in English)

1999　Wu Shunqing,p. 21,pl. 14,figs. 3,3a；pl. 15,figs. 3,3a；herbaceous plants,inflorescence branches; Shangyuan of Beipiao, Liaoning; Late Jurassic Jianshangou Bed in lower part of Yixian Formation.

1. 2001 Zhang Miman (editor-in-chief), fig. 162; herbaceous plants, inflorescence branches; Shangyuan of Beipiao, Liaoning; Late Jurassic Jianshangou Bed in lower part of Yixian Formation. (in Chinese)

2. 2003 Zhang Miman (editor-in-chief), fig. 241; herbaceous plants, inflorescence branches; Shangyuan of Beipiao, Liaoning; Late Jurassic Jianshangou Bed in lower part of Yixian Formation. (in English)

△*Liaoxia changii* (Cao et Wu S Q) Wu S Q, 1999 (in Chinese)

1997 *Eragrosites changii* Cao et Wu S Q, Cao Zhengyao, Wu Shunqing, in Cao Zhengyao and others, p. 1765, pl. 2, figs. 1 — 3; text-fig. 1; herbaceous plants, inflorescence branches; Shangyuan of Beipiao, Liaoning; Late Jurassic Jianshangou Bed in lower part of Yixian Formation. (in Chinese)

1998 *Eragrosites changii* Cao et Wu S Q, Cao Zhengyao, Wu Shunqing, in Cao Zhengyao and others, p. 231, pl. 2, figs. 1 — 3; text-fig. 1; herbaceous plants, inflorescence branches; Shangyuan of Beipiao, Liaoning; Late Jurassic Jianshangou Bed in lower part of Yixian Formation. (in English)

1999 Wu Shunqing, p. 21, pl. 15, figs. 1, 4; herbaceous plants; Shangyuan of Beipiao, Liaoning; Late Jurassic Jianshangou Bed in lower part of Yixian Formation.

△Genus *Lilites* Wu S Q, 1999 (in Chinese)

[Notes: The type species of this genus lately was referred by Sun Ge and Zheng Shaolin into *Podocarpites* (Coniferiphytes), and named as *Podocarpites reheensis* (Wu S Q) Sun et Zheng (Sun Ge and others, 2001)]

1999 Wu Shunqing, p. 23. (in Chinese)

Type species: *Lilites reheensis* Wu S Q, 1999

Taxonomic status: Liliaceae, Monocotyledoneae

△*Lilites reheensis* Wu S Q, 1999 (in Chinese)

1999 Wu Shunqing, p. 23, pl. 18, figs. 1, 1a, 2, 4, 5, 7, 7a, 8A; leafy shoot and fruits; Col. No.: AEO-11, AEO-134, AEO-158, AEO-219, AEO-245, AEO-246; Reg. No.: PB18327 — PB18332; Syntype 1: PB18327 (pl. 18, fig. 1); Syntype 2: PB18330 (pl. 18, fig. 5); Repository: Nanjing Institute of Geology and Palaeontology, Chinese Academy of Sciences; Huangbanjigou in Shangyuan of Beipiao, Liaoning; Late Jurassic Jianshangou Bed in lower part of Yixian Formation. [Notes: According to *International Nomencluture of Fossil Plants* (*Vienna Code*) 37. 2, from the year 1958, the holotype specimen should be unique]

2001 Zhang Miman (editor-in-chief), figs. 169, 170; shoot with leaves and fruits; Huangbanjigou in Shangyuan of Beipiao, Liaoning; Late Jurassic Jianshangou Bed in lower part of Yixian Formation. (in Chinese)

2003　Zhang Miman （editor-in-chief）, figs. 245, 246; shoot with leaves and fruits; Huangbanjigou in Shangyuan of Beipiao, Liaoning; Late Jurassic Jianshangou Bed in lower part of Yixian Formation. (in English)

△Genus *Longjingia* Sun et Zheng, 2000 （MS）

2000　Sun Ge, Zheng Shaolin, in Sun Ge and others, pl. 4, figs. 5, 6.

Type species: *Longjingia gracilifolia* Sun et Zheng, 2000 （MS）

Taxonomic status: Dicotyledoneae

△*Longjingia gracilifolia* Sun et Zheng, 2000 （MS）

2000　Sun Ge, Zheng Shaolin, in Sun Ge and others, pl. 4, figs. 5, 6; leaves; Dalazi in Zhixin of Longjing, Jilin; Early Cretaceous Dalazi Formation.

Genus *Macclintockia* Heer, 1866

1866　Heer, p. 277.

1868　Heer, p. 115.

1984　Zhang Zhicheng, p. 121.

1993a　Wu Xiangwu, p. 95.

Type species: *Macclintockia dentata* Heer, 1866

Taxonomic status: Protiaceae, Dicotyledoneae

Macclintockia dentata Heer, 1866

1866　Heer, p. 277.

1868　Heer, p. 115, pl. 15, figs. 3, 4; leaves; Atanekerdluk, Greenland; Miocene.

1993a　Wu Xiangwu, p. 98.

Macclintockia cf. *trinervis* Heer

1984　Zhang Zhicheng, p. 121, pl. 2, figs. 10, 13, 14; pl. 5, fig. 5; leaves; Taipinglinchang of Jiayin, Heilongjiang; Late Cretaceous Taipinglinchang Formation.

1993a　Wu Xiangwu, p. 98.

Genus *Menispermites* Lesquereux, 1874

1874　Lesquereux, p. 94.

1986a, b　Tao Junrong, Xiong Xianzheng, p. 123.

1993a　Wu Xiangwu, p. 101.

Type species: *Menispermites obtsiloba* Lesquereux, 1874

Taxonomic status: Dicotyledoneae

Menispermites obtsiloba Lesquereux, 1874

1874　Lesquereux, p. 94, pl. 25, figs. 1, 2; pl. 26, fig. 3; leaves; south of Fort Harker of Nebraska, USA; Cretaceous.

1986a, b　Tao Junrong, Xiong Xianzheng, p. 123, pl. 9, figs. 1, 2; pl. 15, fig. 1; leaves; Jiayin, Heilongjiang; Late Cretaceous Wuyun Formation.

1993a　Wu Xiangwu, p. 101.

Menispermites kujiensis Tanai, 1979

1979　Tanai, p. 107, pl. 11, fig. 3; pl. 12, figs. 1, 2; text-figs. 4 — 6; leaves; Kuji, Japan; Late Cretaceous Sawayama Formation.

1986a, b　Tao Junrong, Xiong Xianzheng, p. 123, pl. 13, fig. 1; leaf; Jiayin, Heilongjiang; Late Cretaceous Wuyun Formation.

1993a　Wu Xiangwu, p. 101.

Menispermites potomacensis? Berry

1995a　Li Xingxue (editor-in-chief), pl. 143, fig. 2; leaf; Dalazi in Zhixin of Longjing, Jilin; Early Cretaceous Dalazi Formation. (in Chinese)

1995b　Li Xingxue (editor-in-chief), pl. 143, fig. 2; leaf; Dalazi in Zhixin of Longjing, Jilin; Early Cretaceous Dalazi Formation. (in English)

2000　Sun Ge and others, pl. 4, fig. 2; leaf; Dalazi in Zhixin of Longjing, Jilin; Early Cretaceous Dalazi Formation.

Genus *Monocotylophyllum* Reid et Chandler, 1926

1926　Reid, Chandler, in Reid, Chandler, Groves, p. 87.

1984　Guo Shuangxing, p. 89.

1993a　Wu Xiangwu, p. 102.

Type species: *Monocotylophyllum* sp., Reid et Chandler, 1926

Taxonomic status: Monocotyledoneae

Monocotylophyllum sp.

1926　*Monocotylophyllum* sp., Reid, Chandler, in Reid, Chandler, Groves, p. 87, pl. 5, fig. 12; leaf; Wight Island, England; Oligocene.

Monocotylophyllum spp.

1984　*Monocotylophyllum* sp., Guo Shuangxing, p. 89, pl. 1, fig. 4a; leaf; Durbud, Heilongjiang; Late Cretaceous upper part of Qingshankou Formation.

1993a　*Monocotylophyllum* sp., Wu Xiangwu, p. 102.

Genus *Musophyllum* Goeppert, 1854

1854   Goeppert, p. 39.

2000   Guo Shuangxing, p. 239.

Type species: *Musophyllum truncatum* Goeppert, 1854

Taxonomic status: Musaceae, Dicotyledoneae

Musophyllum truncatum Goeppert, 1854

1853   Goeppert, p. 434. (nom. nud.)

1854   Goeppert, p. 39, pl. 7, fig. 47; leaf; Java, Indonesia; Eocene.

2000   Guo Shuangxing, p. 239.

Musophyllum sp.

2000   *Musophyllum* sp., Guo Shuangxing, p. 239, pl. 6, fig. 7; leaf; Hunchun, Jilin; Late Cretaceous Hunchun Formation.

Genus *Myrtophyllum* Heer, 1869

1867   Heer, p. 22.

2000   Guo Shuangxing, p. 238.

Type species: *Myrtophyllum geinitzi* Heer, 1869

Taxonomic status: Myrtaceae, Dicotyledoneae

Myrtophyllum geinitzi Heer, 1869

1867   Heer, p. 22, pl. 11, figs. 3, 4; leaves; Moletein of Moravia, Czechoslovakia; Late Crtaceous.

2000   Guo Shuangxing, p. 238.

Myrtophyllum penzhinense Herman, 1987

1987   Herman, p. 99, pl. 10, figs. 1 — 3; text-fig. 2; leaves; Moletein of Moravia, Czechoslovakia; Late Crtaceous.

2000   Guo Shuangxing, p. 238, pl. 2, figs. 1, 2, 5; leaves; Hunchun, Jilin; Late Cretaceous Hunchun Formation.

Myrtophyllum sp.

1998   *Musophyllum* sp., Liu Yusheng, p. 76, pl. 4, figs. 9, 10, 13; leaves; Pingzhou Island of Mirs Bay, Hongkong; Late Cretaceous Pingzhou Formation.

Genus *Nectandra* **Roland**

1979 Guo Shuangxing, p. 228.

1993a Wu Xiangwu, p. 104.

Type species: (living genus)

Taxonomic status: Lauraceae, Dicotyledoneae

△*Nectandra guangxiensis* **Guo, 1979**

1979 Guo Shuangxing, p. 228, pl. 1, figs. 6, 15; leaves; Col. No.: KY5; Reg. No.: PB6917; Holotype: PB6917 (pl. 1, fig. 6); Repository: Nanjing Institute of Geology and Palaeontology, Chinese Academy of Sciences; Naxiaocun in Nalou of Yongning, Guangxi; Late Cretaceous Bali Formation.

1993a Wu Xiangwu, p. 104.

Nectandra prolifica **Berry**

1979 Guo Shuangxing, pl. 1, figs. 12, 13; leaves; Naxiaocun in Nalou of Yongning, Guangxi; Late Cretaceous Bali Formation.

1993a Wu Xiangwu, p. 104.

Genus *Nordenskioldia* **Heer, 1870**

1870 Heer, p. 65.

1984 Zhang Zhicheng, p. 127.

1993a Wu Xiangwu, p. 107.

Type species: *Nordenskioldia borealis* Heer, 1870

Taxonomic status: Filiaceae?, Dicotyledoneae

Nordenskioldia borealis **Heer, 1870**

1870 Heer, p. 65, pl. 7, figs. 1 — 13; fruits; Kings Bay, Spitsbergen; Miocene.

1993a Wu Xiangwu, p. 107.

Nordenskioldia **cf.** *borealis* **Heer, 1870**

1984 Zhang Zhicheng, p. 127, pl. 7, fig. 1; fruit; Jiayin, Heilongjiang; Late Cretaceous Taipinglinchang Formation.

1993a Wu Xiangwu, p. 107.

Genus *Nymphaeites* **Sternberg, 1825**

1825 (1822 — 1838) Sternberg, p. xxxix.

1986a,b   Tao Junrong,Xiong Xianzheng,p. 123.

1993a Wu Xiangwu,p. 107.

Type species:*Nymphaeites arethusae* (Brongniart) Sternberg,1825

Taxonomic status:Nymphaeaceae,Dicotyledoneae

Nymphaeites arethusae (**Brongniart**) **Sternberg,1825**

1822   *Nymphaeites arethusae* Brongniart, p. 332. pl. 6, fig. 9; fruit; Lonjumeau near Paris, France;Tertiary.

1825 (1822 — 1838)   Sternberg,p. xxxix.

1986a,b   Tao Junrong,Xiong Xianzheng,p. 123.

1993a Wu Xiangwu,p. 107.

Nymphaeites browni **Dorf,1942**

1942   Dorf,p. 142,pl. 10,fig. 9;leaf;North America.

1986a,b   Tao Junrong, Xiong Xianzheng, p. 123, pl. 8, fig. 5; leaf; Jiayin, Heilongjiang; Late Cretaceous Wuyun Formation.

1993a Wu Xiangwu,p. 107.

△**Genus** *Orchidites* **Wu S Q,1999** (in Chinese)

1999   Wu Shunqing,p. 23.

Type species: *Orchidites linearifolius* Wu S Q, 1999 (Notes: The type species was not designated in the original paper)

Taxonomic status:Orchidaceae,Monocotyledoneae

△*Orchidites linearifolius* **Wu S Q,1999** (in Chinese)

1999   Wu Shunqing, p. 23, pl. 16, fig. 7; pl. 17, figs. 1 — 3; herbaceous plants; Col. No. : AEO-29, AEO-104, AEO-123; Reg. No. : PB18321, PB18324, PB18325; Repository: Nanjing Institute of Geology and Palaeontology, Chinese Academy of Sciences; Huangbanjigou in Shangyuan of Beipiao, Liaoning; Late Jurassic Jianshangou Bed in lower part of Yixian Formation. (Notes 1: The type species was not designated in the original paper,in this book,the first category listed in the original text is taken as the type species;Notes 2:The type specimen was not designated in the original paper)

2003   Zhang Miman (editor-in-chief), fig. 257; herbaceous plants; Huangbanjigou in Shangyuan of Beipiao,Liaoning;Late Jurassic Jianshangou Bed in lower part of Yixian Formation. (in English)

△*Orchidites lancifolius* **Wu S Q,1999** (in Chinese)

1999   Wu Shunqing,p. 23,pl. 17,figs. 4,4a;herbaceous plants;Col. No. :AEO196;Reg. No. : PB18326;Repository:Nanjing Institute of Geology and Palaeontology,Chinese Academy of Sciences;Huangbanjigou in Shangyuan of Beipiao,Liaoning;Late Jurassic Jianshangou

Bed in lower part of Yixian Formation.

2001　Zhang Miman （editor-in-chief）, fig. 171; herbaceous plants; Huangbanjigou in Shangyuan of Beipiao, Liaoning; Late Jurassic Jianshangou Bed in lower part of Yixian Formation. (in Chinese)

2003　Zhang Miman （editor-in-chief）, fig. 258; herbaceous plants; Huangbanjigou in Shangyuan of Beipiao, Liaoning; Late Jurassic Jianshangou Bed in lower part of Yixian Formation. (in English)

Genus *Oxalis*

1999　Feng Guangping and others, p. 265.

Type species: (living genus)

Taxonomic status: Oxalidaceae, Dicotyledoneae

△*Oxalis jiayinensis* Feng, Liu, Song et Ma, 1999 (in English)

1999　Feng Guangping and others, p. 265, pl. 1, figs. 1 — 11; seeds; Holotype: CBP9400 (pl. 1, fig. 1); Repsitory: The National Museum of Plant History of China, Institute of Botany, the Chinese Academy of Sciences; Yong'ancun, Jianyin, Heilongjiang; Late Cretaceous Yong'ancun Formation.

Genus *Paliurus* Tourn. et Mill.

1990a　Pan Guang, p. 2.

1990b　Pan Guang, p. 63.

1993a　Wu Xiangwu, p. 111.

Type species: (living genus)

Taxonomic status: Rhamnaceae, Dicotyledoneae

△*Paliurus jurassinicus* Pan, 1990

1990a　Pan Guang, p. 2, pl. 1, figs. 1 — 1b; text-figs. 1a, 1b; fruits; No. : LSJ0743A, LSJ0743B; Holotype: LSJ0743A, LSJ0743B(pl. 1, figs. 1, 1a, 1b); Yanshan – Liaoning area, North China(45°58′N, 120°21′E); Middle Jurassic. (in Chinese)

1990b　Pan Guang, p. 63, pl. 1, figs. 1 — 1b; text-figs. 1a, 1b; fruits; No. : LSJ0743A, LSJ0743B; Holotype: LSJ0743A, LSJ0743B(pl. 1, figs. 1, 1a, 1b); Yanshan – Liaoning area, North China(45°58′N, 120°21′E); Middle Jurassic. (in English)

1993a　Wu Xiangwu, p. 111.

Genus *Paulownia* Sieb et Zucc., 1835

1980   Zhang Zhicheng, p. 338.

1993a   Wu Xiangwu, p. 112.

Type species: (living genus)

Taxonomic status: Scrophulariaceae, Dicotyledoneae

△*Paulownia*? *shangzhiensis* Zhang, 1980

1980   Zhang Zhicheng, p. 338, pl. 210, fig. 5; leaf; Reg. No. : D630; Repository: Shenyang Institute of Geology and Mineral Resources; Feijiajie of Shangzhi, Heilongjiang; Late Cretaceous Sunwu Formation.

1993a   Wu Xiangwu, p. 112.

Genus *Phrynium* Loefl., 1788

1982   Geng Guocang, Tao Junrong, p. 121.

1993a   Wu Xiangwu, p. 114.

Type species: (living genus)

Taxonomic status: Marantaceae, Monocotyledoneae

△*Phrynium tibeticum* Geng, 1982

1982   Geng Guocang, in Geng Guocang, Tao Junrong, p. 121, pl. 9, fig. 5; pl. 10, fig. 1; leaves; No. : 51874, 51881a, 51881b, 51904; Donggar of Xigaze, Tibet; Late Cretaceous — Eocene Qiuwu Formation; Moinser of Gar, Tibet; Late Cretaceous — Eocene Moinser Formation. (Notes : The type specimen was not designated in the original paper)

1993a   Wu Xiangwu, p. 114.

Genus *Phyllites* Brongniart, 1822

1822   Brongniart, p. 237.

1978   Yang Xuelin and others, pl. 2, fig. 8.

1993a   Wu Xiangwu, p. 115.

Type species: *Phyllites populina* Brongniart, 1822

Taxonomic status: Dicotyledoneae

Phyllites populina Brongniart, 1822

1822   Brongniart, p. 237, pl. 14, fig. 4; leaf; Oensingen, Switzerland; Miocene.

1993a   Wu Xiangwu, p. 115.

Phyllites spp.

1978　*Phyllites* sp., Yang Xuelin and others, pl. 2, fig. 8; leaf; Shansong of Jiaohe Basin, Jilin; Early Cretaceous Moshilazi Formation.

1980　*Phyllites* sp., Li Xingxue, Ye Meina, pl. 5, fig. 6; leaf; Shansong of Jiaohe Basin, Jilin; Early Cretaceous Moshilazi Formation.

1986　*Phyllites* sp., Li Xingxue and others, p. 43, pl. 44, fig. 2; leaf; Shansong of Jiaohe Basin, Jilin; Early Cretaceous Moshilazi Formation.

1993a *Phyllites* sp., Wu Xiangwu, p. 115.

1998　*Phyllites* sp. 2, Liu Yusheng, p. 74, pl. 4, fig. 3; leaf; Ping Chau Island, Hongkong; Late Cretaceous Ping Chau Formation.

1998　*Phyllites* sp. 3, Liu Yusheng, p. 74, pl. 5, fig. 1; leaf; Ping Chau Island, Hongkong; Late Cretaceous Ping Chau Formation.

?*Phyllites* sp.

1998　?*Phyllites* sp. 1, Liu Yusheng, p. 74, pl. 1, fig. 1; leaf; Ping Chau Island, Hongkong; Late Cretaceous Ping Chau Formation.

Genus *Planera* Gmel. J F

1986a,b　Tao Junrong, Xiong Xianzheng, p. 125.

1993a Wu Xiangwu, p. 119.

Type species: (living genus)

Taxonomic status: Ulmaceae, Dicotyledoneae

Planera cf. *microphylla* Newberry

1986a,b　Tao Junrong, Xiong Xianzheng, p. 125, pl. 5, fig. 5; leaf; Jiayin, Heilongjiang; Late Cretaceous Wuyun Formation.

1993a Wu Xiangwu, p. 119.

Genus *Platanophyllum* Fontaine, 1889

1889　Fontaine, p. 316.

1980　Tao Junrong, Sun Xiangjun, p. 76.

1993a Wu Xiangwu, p. 119.

Type species: *Platanophyllum crossinerve* Fontaine, 1889

Taxonomic status: Platanaceae, Dicotyledoneae

Platanophyllum crossinerve Fontaine, 1889

1889　Fontaine, p. 316, pl. 158, fig. 5; leaf; Potomac of Virginia, USA; Early Cretaceous Potomac Group.

1993a Wu Xiangwu, p. 119.

Platanophyllum sp.

1980 *Platanophyllum* sp., Tao Junrong, Sun Xiangjun, p. 76, pl. 2, fig. 1; leaf; Lindian, Heilongjiang; Early Cretaceous Quantou Formation.

1993a *Platanophyllum* sp., Wu Xiangwu, p. 119.

Genus *Platanus* Linné, 1753

1976 Chang Chichen, p. 202.

1993a Wu Xiangwu, p. 119.

Type species: (living genus)

Taxonomic status: Platanaceae, Dicotyledoneae

Platanus appendiculata Lesquereux, 1878

1878 Lesquereux, p. 12, pl. 3, figs. 1 — 6; pl. 6, fig. 7a.

1994 Zheng Shaolin, Zhang Ying, p. 759, pl. 4, figs. 1 — 4; leaves; Anda, Songliao Basin; late Early Cretaceous member 3 of Quantou Formation.

Platanus cuneifolia Bronn

1952 Vachrameev, p. 205, pl. 16, fig. 6; pl. 17, figs. 1 — 5; pl. 18, fig. 1; pl. 19, figs. 1 — 3; pl. 20, fig. 4; text-figs. 44 — 46.

1976 *Platanus cuneifolia* (Bronn) Vachrameev, Zhang Zhicheng, p. 202, pl. 104, fig. 11; leaf; Sunnet Left Banner, Inner Mongolia; Late Cretaceous Erliandabusu Formation.

1993a Wu Xiangwu, p. 119.

1994 Zheng Shaolin, Zhang Ying, p. 760, pl. 4, figs. 6 — 9; leaves; Anda, Songliao Basin; late Early Cretaceous member 4 of Quantou Formation.

Platanus cf. *cuneifolia* Bronn

1984 Wang Ziqiang, p. 294, pl. 154, fig. 14; leaf; Zuoyun, Shanxi; Late Cretaceous Zhumapu Formation.

△*Platanus densinervis* Zhang, 1984

1984 Zhang Zhicheng, p. 122, pl. 3, fig. 1; leaf; No. ; MH1064; Holotype: MH1064 (pl. 3, fig. 1); Repository: Shenyang Institute of Geology and Mineral Resources; Jiayin, Heilongjiang; Late Cretaceous Taipinglinchang Formation.

Platanus cf. *newberryana* Heer

1980 Zhang Zhicheng, p. 315, pl. 193, figs. 2, 3; leaves; Mudanjiang, Heilongjiang; Late Cretaceous Houshigou Formation.

Platanus pseudoguillemae Krasser, 1896

1896 Krasser, p. 139, pl. 14, fig. 2.

1981 Zhang Zhicheng, p. 156, pl. 2, figs. 1, 2; leaves; Mudanjiang, Heilongjiang; Late

Cretaceous Houshigou Formation.

Platanus raynoldii Newberry

1980   Zhang Zhicheng, p. 315, pl. 199, fig. 3; leaf; Feijiajie in Shangzhi of Heilongjiang; Late Cretaceous Sunwu Formation.

"Platanus" raynoldii Newberry

1984   Zhang Zhicheng, p. 124, pl. 8, figs. 8b, 9; leaves; Jiayin, Heilongjiang; Late Cretaceous Taipinglinchang Formation.

Platanus? *raynoldii* Newberry

1990   Zhang Ying and others, p. 240, pl. 2, figs. 9a, 10; leaves; Tangyuan, Heilongjiang; Late Cretaceous Furao Formation.

Platanus septentrioalis Hollick, 1930

1930   Hollick, p. 84, pl. 47, figs. 1, 2; pl. 48, figs. 2 — 4; pl. 49, fig. 1; leaves; Alaska, America; Late Cretaceous Kaltag Formation.

1984   Guo Shuangxing, p. 87, pl. 1, fig. 9; leaf; Qian Gorlos, Jilin; Late Cretaceous Quantou Formation.

△*Platanus sinensis* Zhang, 1984

1984   Zhang Zhicheng, p. 123, pl. 3, fig. 2; pl. 4, figs. 1, 2, 4; pl. 6, figs. 2 — 5; pl. 7, figs. 7, 8a; pl. 8, fig. 2; leaves; No. : MH1066 — MH1069, MH1071 — MH1075, MH1080; Holotype: MH1066 (pl. 8, fig. 2); Repository: Shenyang Institute of Geology and Mineral Resources; Jiayin, Heilongjiang; Late Cretaceous Taipinglinchang Formation.

1995a   Li Xingxue (editor-in-chief), pl. 118, fig. 7; pl. 119, fig. 1; pl. 122, fig. 6; leaves; Jiayin, Heilongjiang; Late Cretaceous Taipinglinchang Formation. (in Chinese)

1995b   Li Xingxue (editor-in-chief), pl. 118, fig. 7; pl. 119, fig. 1; pl. 122, fig. 6; leaves; Jiayin, Heilongjiang; Late Cretaceous Taipinglinchang Formation. (in English)

△*Platanus subnoblis* Zhang, 1981

1981   Zhang Zhicheng, p. 156, pl. 1, fig. 4; leaf Reg. ; No. : MPH10057; Holotype: MPH10057 (pl. 1, fig. 4); Repository: Shenyang Institute of Geology and Mineral Resources; Mudanjiang, Heilongjiang; Late Cretaceous Houshigou Formation.

Platanus spp.

1981   *Platanus* sp., Zhang Zhicheng, p. 156, pl. 1, figs. 1, 2, 5; pl. 2, fig. 3; leaves; Mudanjiang, Heilongjiang; Eavly Cretaceous Houshigou Formation.

1984   *Platanus* sp., Zhang Zhicheng, p. 124, pl. 4, fig. 6; leaf; Jiayin, Heilongjiang; Late Cretaceous Taipinglinchang Formation.

1984   *Platanus* sp., Wang Xifu, p. 300, pl. 176, fig. 11; leaf; Wanquan, Hebei; Late Cretaceous Tujingzi Formation.

2000   *Platanus* sp., Sun Ge and others, pl. 5, figs. 1 — 10; leaves; Qitaihe, Heilongjiang; Late Cretaceous lower part of Jisha Formation.

△Genus *Polygatites* **Pan, 1983** (nom. nud.)

1983   Pan Guang, p. 1520. (in Chinese)

1984   Pan Guang, p. 959. (in English)

1993a Wu Xiangwu, pp. 163, 250.

1993b Wu Xiangwu, pp. 508, 517.

Type species: (without specific name)

Taxonomic status: "primitive angiosperms"

Polygatites **sp. indet.**

(Notes: Generic name was given only, without specific name or type species in the original paper)

1983   *Polygatites* sp. indet., Pan Guang, p. 1520; Yanshan – Liaoning area, North China(45° 58′N, 120°21′E); Middle Jurassic Haifanggou Formation. (in Chinese)

1984   *Polygatites* sp. indet., Pan Guang, p. 959, Yanshan – Liaoning area, North China(45°58′ N, 120°21′E); Middle Jurassic Haifanggou Formation. (in English)

Genus *Polygonites* **Saporta, 1865** (non Wu S Q, 1999)

1865   Saporta, p. 92.

1970   Andrews, p. 167.

Type species: *Polygonites ulmaceus* Saporta, 1865

Taxonomic status: Polygonaceae, Monocotyledoneae

Polygonites ulmaceus **Saporta, 1865**

1865   Saporta, p. 92, pl. 3, fig. 14; winged fruit; St. -Jean-Garguier, France; Tertiary.

1970   Andrews, p. 167.

△Genus *Polygonites* **Wu S Q, 1999** (non Saporta, 1865) (in Chinese)

(Notes: This generic names *Polygonites* Wu S Q, 1999 is a homonym junius of *Polygonites* Saporta, 1865)

1999   Wu Shunqing, p. 23.

Type species: *Polygonites polyclonus* Wu S Q, 1999 (Notes: The type species was not designated in the original paper. In this book, the first category listed in the original text is taken as the type species)

Taxonomic status: Polygonaceae, Monocotyledoneae

△***Polygonites polyclonus*** **Wu S Q,1999**(in Chinese)

1999　Wu Shunqing,p. 23,pl. 16,figs. 4,4a;pl. 19,figs. 1,1a,3A,4,4a;stems and shoots;Col. No. : AEO-169 — AEO-171, AEO-211; Reg. No. : PB18319, PB18335 — PB18337; Holotype: PB18337 (pl. 19, fig. 4); Repository: Nanjing Institute of Geology and Palaeontology,Chinese Academy of Sciences;Huangbanjigou in Shangyuan of Beipiao, Liaoning;Late Jurassic Jianshangou Bed in lower part of Yixian Formation.

△***Polygonites planus*** **Wu S Q,1999**(in Chinese)

1999　Wu Shunqing, p. 24, pl. 19, fig. 2; shoot; Col. No. : AEO-122; Reg. No. : PB18338; Repository: Nanjing Institute of Geology and Palaeontology, Chinese Academy of Sciences;Huangbanjigou in Shangyuan of Beipiao, Liaoning; Late Jurassic Jianshangou Bed in lower part of Yixian Formation.

Genus *Populites* Viviani,1833 (non Goeppert,1852)

1833　Viviani,p. 133.

1970　Andrews,p. 169.

1993a　Wu Xiangwu,p. 121.

Type species:*Populites phaetonis* Viviani,1833

Taxonomic status:Salicaceae,Dicotyledoneae

Populites phaetonis Viviani,1833

1833　Viviani1,p. 133,pl. 10,fig. 2 (?);leaf;Pavia,Italy;Tertiary.

1970　Andrews,p. 169.

1993a　Wu Xiangwu,p. 121.

Genus *Populites* Goeppert,1852 (non Viviani,1833)

(Notes:This generic name *Populites* Goeppert,1852 is a homonym junius of *Populites* Viviani,1833)

1852　Goeppert,p. 276.

1970　Andrews,p. 169.

1993a　Wu Xiangwu,p. 121.

Type species:*Populites platyphyllus* Goeppert,1852

Taxonomic status:Salicaceae,Dicotyledoneae

Populites platyphyllus Goeppert,1852

1852　Goeppert,p. 276,pl. 35,fig. 5;leaf;Stroppen,Silesia;Tertiary.

1970　Andrews,p. 169.

1993a　Wu Xiangwu,p. 121.

Populites litigiosus (Heer) Lesquereux, 1892

1892　Lesquereux, p. 47, pl. 7, fig. 7; leaf; America; Late Cretaceous Dakota Formation.

1995a　Li Xingxue (editor-in-chief), pl. 122, fig. 7; leaf; Erdaogou of Hunchun, Jilin; Late Cretaceous Erdaogou Formation. (in Chinese)

1995b　Li Xingxue (editor-in-chief), pl. 122, fig. 7; leaf; Erdaogou Hunchun, Jilin; Late Cretaceous Erdaogou Formation. (in English)

2000　Guo Shuangxing, p. 231, pl. 4, figs. 18, 20; pl. 7, figs. 11, 13; leaves; Hunchun, Jilin; Late Cretaceous Hunchun Formation.

Populites cf. *litigiosus* (Heer) Lesquereux

1979　Guo Shuangxing, Li Haomin, p. 553, pl. 1, fig. 5; leaf; Hunchun, Jilin; Late Cretaceous Hunchun Formation. [Notes: This specimen lately was referred as *Populites litigiosus* (Heer) Lesquereux (Guo Shuangxing, 2000)]

1993a　Wu Xiangwu, p. 121.

Genus *Populus* Linné, 1753

1975　Guo Shuangxing, p. 413.

1993a　Wu Xiangwu, p. 121.

Type species: (living genus)

Taxonomic status: Salicaceae, Dicotyledoneae

Populus carneosa (Newberry) Bell, 1949

1949　Bell, p. 55, pl. 35, figs. 1 — 3; pl. 36, figs. 1 — 6; leaves; western Alberta, Canada; Paleacene Paskapoo Formation.

1986a, b　Tao Junrong, Xiong Xianzheng, p. 127, pl. 10, fig. 1; leaf; Jiayin, Heilongjiang; Late Cretaceous Wuyun Formation.

Populus latior Al. Braun, 1837

1837　Al. Braun, p. 512.

1975　Guo Shuangxing, p. 413, pl. 1, figs. 2, 3, 3a; leaves; Xigaze, Tibet; Late Cretaceous Xigaze Group.

1993a　Wu Xiangwu, p. 121.

"*Populus*" *potomacensis* Ward

2005　Zhang Guangfu, pl. 2, fig. 8; leaf; Jilin; Early Cretaceous Dalazi Formation.

Populus sp.

1975　*Populus* sp., Guo Shuangxing, p. 414, pl. 1, figs. 4, 5; leaves; Xigaze, Tibet; Late Cretaceous Xigaze Group.

Genus *Potamogeton* Linné,1753

1935   Yabe,Endo,p. 274.

1963   Sze H C,Lee H H and others,p. 368.

1993a   Wu Xiangwu,p. 121.

Type species:(living genus)

Taxonomic status:Potamogetonaceae,Monocotyledoneae

△*Potamogeton jeholensis* Yabe et Endo,1935

1935   Yabe,Endo,p. 274,figs. 1,2,5;leafy shoots;Lingyuan（Jeho）,Hebei;Early Cretaceous
        （?）*Lycoptera* Bed. ［Notes: This specimen lately was referred as *Potamogeton*?
        jeholensis Yabe et Endo（Sze H C,Lee H H and others,1963）and as *Ranunculus
        jeholensis*（Yabe et Endo）Miki（Miki,1964）*Ranunculus jeholensis*（Yabe et Endo）
        Miki（Miki,1964）］

1950   Oishi,p. 130,pl. 40,fig. 4;leafy shoot;Lingyuan,Chaoyang of Liaoning;Late Jurassic.

1993a   Wu Xiangwu,p. 121.

Potamogeton? *jeholensis* Yabe et Endo

1963   Sze H C,Lee H H and others,p. 369,pl. 105,figs. 3 — 5（= Yabe Endo,1935,p. 274,
        figs. 1,2,5）;leafy shoot;Lingyuan,Hebei;Middle — Late Jurassic.

1980   Zhang Zhicheng,p. 310,text-fig. 210;leafy shoot;Lingyuan,Liaoning;Early Cretaceous
        Jiufotang Formation.

1984   Wang Ziqiang,p. 295,pl. 157,figs. 18,19;leaves;West Hill,Beijing;Late Cretaceous
        Xiazhuang Formation.

Potamogeton sp.

1935   *Potamogeton* sp.,Yabe,Endo,p. 276,figs. 3,4;leafy shoots;Lingyuan,Hebei;Early
        Cretaceous（?）Lycoptera Bed. ［Notes: This specimen lately was referred as
        Potamogeton? sp.（Sze H C,Lee H H and others,1963）］

Potamogeton? sp.

1963   *Potamogeton*? sp.,Sze H C,Lee H H and others,p. 369,pl. 105,figs. 6,6a;leafy
        shoots;Lingyuan,Hebei;Middle — Late Jurassic.

Genus *Protophyllum* Lesquereux,1874

1874   Lesquereux,p. 101.

1979   Guo Shuangxing,Li Haomin,p. 554.

1993a Wu Xiangwu, p. 122.

Type species: *Protophyllum sternbergii* Lesquereux, 1874

Taxonomic status: Dicotyledoneae

Protophyllum sternbergii Lesquereux, 1874

1874   Lesquereux, p. 101, pl. 16; pl. 17, fig. 2; leaves; southern Fort Harker of Nebraska, USA; Cretaceous.

1993a Wu Xiangwu, p. 122.

△*Protophyllum cordifolium* Guo et Li, 1979

1979   Guo Shuangxing, Li Haomin, p. 555, pl. 3, figs. 6, 7; pl. 4, figs. 3, 4, 6, 7; leaves; Col. No. : Ⅱ-16, Ⅱ-24, Ⅱ-37, Ⅱ-40, Ⅱ-53a; Reg. No. : PB7455 — PB7460; Holotype: PB7455 (pl. 4, fig. 4); Paratype: PB7456 — PB7460 (pl. 3, figs. 6, 7; pl. 4, figs. 3, 6, 7); Repository: Nanjing Institute of Geology and Palaeontology, Chinese Academy of Sciences; Hunchun, Jilin; Late Cretaceous Hunchun Formation. [Notes: This specimens lately were referred as *Protophyllum multinerve* Lesquereux (Guo Shuangxing, 2000)]

1990   Zhang Ying and others, p. 242, pl. 1, fig. 8; leaf; Tangyuan, Heilongjiang; Late Cretaceous Furao Formation.

1993a Wu Xiangwu, p. 122.

1995a Li Xingxue (editor-in-chief), pl. 120, fig. 4; leaf; Erdaogou of Hunchun, Jilin; Late Cretaceous Erdaogou Formation. (in Chinese)

1995b Li Xingxue (editor-in-chief), pl. 120, fig. 4; leaf; Erdaogou of Hunchun, Jilin; Late Cretaceous Erdaogou Formation. (in English)

Protophyllum haydenii Lesquereux, 1874

1874   Lesquereux, p. 106, pl. 17, fig. 3; leaf; south of Fort Harker of Nebraska, USA; Cretaceous.

1979   Guo Shuangxing, Li Haomin, p. 555, pl. 2, fig. 3; leaf; Hunchun, Jilin; Late Cretaceous Hunchun Formation.

1993a Wu Xiangwu, p. 122.

1995a Li Xingxue (editor-in-chief), pl. 122, figs. 2, 3 ; leaves; Erdaogou of Hunchun, Jilin; Late Cretaceous Erdaogou Formation. (in Chinese)

1995b Li Xingxue (editor-in-chief), pl. 122, figs. 2, 3 ; leaves; Erdaogou of Hunchun, Jilin; Late Cretaceous Erdaogou Formation. (in English)

Protophyllum cf. *haydenii* Lesquereux

1986a, b   Tao Junrong, Xiong Xianzheng, p. 125, pl. 11, fig. 1; pl. 14, fig. 6; leaves; Jiayin, Heilongjiang; Late Cretaceous Wuyun Formation.

△*Protophyllum microphyllum* Guo et Li, 1979

1979   Guo Shuangxing, Li Haomin, p. 555, pl. 2, figs. 7, 8; pl. 3, fig. 5; pl. 4, fig. 8; leaves; Col. No. : Ⅱ-39, Ⅱ-54b, Ⅱ-58, Ⅱ-61; Reg. No. : PB7464 — PB7467; Holotype: PB7464 (pl. 3, fig. 5); Paratype: PB7465 — PB7467 (pl. 2, figs. 7, 8; pl. 4, fig. 8); Repository: Nanjing Institute of Geology and Palaeontology, Chinese Academy of Sciences; Hunchun, Jilin;

Late Cretaceous Hunchun Formation. [Notes: This specimens lately were referred as *Protophyllum multinerve* Lesquereux (Guo Shuangxing,2000)]

1993a Wu Xiangwu, p. 122.

1995a Li Xingxue (editor-in-chief), pl. 122, figs. 1,5; leaves; Erdaogou of Hunchun, Jilin; Late Cretaceous Erdaogou Formation. (in Chinese)

1995b Li Xingxue (editor-in-chief), pl. 122, figs. 1,5; leaves; Erdaogou of Hunchun, Jilin; Late Cretaceous Erdaogou Formation. (in English)

Protophyllum multinerve Lesquereux, 1874

1874 Lesquereux, p. 105, pl. 18, fig. 1; leaf; south of Fort Harker of Nebraska, USA; Cretaceous.

1979 Guo Shuangxing, Li Haomin, p. 554, pl. 2, figs. 1, 2; leaves; Hunchun, Jilin; Late Cretaceous Hunchun Formation.

1993a Wu Xiangwu, p. 122.

1995a Li Xingxue (editor-in-chief), pl. 120, fig. 2; pl. 121, figs. 3, 5; leaves; Erdaogou of Hunchun, Jilin; Late Cretaceous Erdaogou Formation. (in Chinese)

1995b Li Xingxue (editor-in-chief), pl. 120, fig. 2; pl. 121, figs. 3, 5; leaves; Erdaogou of Hunchun, Jilin; Late Cretaceous Erdaogou Formation. (in English)

2000 Guo Shuangxing, p. 235, pl. 3, figs. 1 — 3, 5, 8, 9; pl. 4, figs. 1, 3, 11, 12, 15; pl. 5, figs. 1, 2, 4 — 7; pl. 8, fig. 9; leaves; Hunchun, Jilin; Late Cretaceous Hunchun Formation.

△*Protophyllum ovatifolium* Guo et Li, 1979 (non Tao, 1986)

1979 Guo Shuangxing, Li Haomin, p. 556, pl. 4, figs. 9, 10; leaves; Col. No. : Ⅱ-30, Ⅱ-78; Reg. No. : PB7468, PB7469; Holotype: PB7468 (pl. 4, fig. 9); Paratype: PB7469 (pl. 4, fig. 10); Repository: Nanjing Institute of Geology and Palaeontology, Chinese Academy of Sciences; Hunchun, Jilin; Late Cretaceous Hunchun Formation. [Notes: This specimens lately were referred as *Protophyllum multinerve* Lesquereux (Guo Shuangxing, 2000)]

1993a Wu Xiangwu, p. 122.

1995a Li Xingxue (editor-in-chief), pl. 119, fig. 2; leaf; Erdaogou of Hunchun, Jilin; Late Cretaceous Erdaogou Formation. (in Chinese)

1995b Li Xingxue (editor-in-chief), pl. 119, fig. 2; leaf; Erdaogou of Hunchun, Jilin; Late Cretaceous Erdaogou Formation. (in English)

△*Protophyllum ovatifolium* Tao, 1986 (non Guo et Li, 1979)

(Notes: This specific name *Protophyllum ovatifolium* Tao, 1986 is a homonym junius of *Protophyllum ovatifolium* Guo et Li, 1979)

1986a, b Tao Junrong, in Tao Junrong, Xiong Xianzheng, p. 125, pl. 13, figs. 2, 3; leaves; No. : 52163a, 52566; Jiayin, Heilongjiang; Late Cretaceous Wuyun Formation. (Notes: The type specimen was not designated in the original paper)

△*Protophyllum renifolium* Guo et Li, 1979

1979 Guo Shuangxing, Li Haomin, p. 556, pl. 4, figs. 1, 2; leaves; ; Col. No. : Ⅱ-12, Ⅱ-76; Reg. No. : PB7470, PB7471; Holotype: PB7470 (pl. 4, fig. 1); Paratype: PB7471 (pl. 4, fig. 2);Repository:Nanjing Institute of Geology and Palaeontology,Chinese Academy of Sciences;Hunchun,Jilin;Late Cretaceous Hunchun Formation. [Notes:This specimens lately were referred as *Protophyllum multinerve* Lesquereux (Guo Shuangxing,2000)]

1990　Zhang Ying and others, p. 243, pl. 1, figs. 7, 9, 10; pl. 3, fig. 10; leaves; Tangyuan, Heilongjiang;Late Cretaceous Furao Formation.

1993a　Wu Xiangwu,p. 122.

△*Protophyllum rotundum* Guo et Li,1979

1979　Guo Shuangxing,Li Haomin, p. 556, pl. 2, figs. 4 — 6; pl. 4, figs. 3,4,6,7; leaves; Col. No. : II -44, II -46, II -47;Reg. No. :PB7472 — PB7474;Holotype:PB7472 (pl. 2,fig. 4); Paratype:PB7473,PB7474 (pl. 2, figs. 3,4);Repository:Nanjing Institute of Geology and Palaeontology, Chinese Academy of Sciences; Hunchun, Jilin; Late Cretaceous Hunchun Formation. [Notes:This specimens lately were referred as *Protophyllum multinerve* Lesquereux (Guo Shuangxing,2000)]

1993a　Wu Xiangwu,p. 122.

1995a　Li Xingxue (editor-in-chief),pl. 121,fig. 4;pl. 122,fig. 4;leaves;Erdaogou of Hunchun, Jilin;Late Cretaceous Erdaogou Formation. (in Chinese)

1995b　Li Xingxue (editor-in-chief),pl. 121,fig. 4;pl. 122,fig. 4;leaves;Erdaogou of Hunchun, Jilin;Late Cretaceous Erdaogou Formation. (in English)

△*Protophyllum undulotum* Tao,1980

1980　Tao Junrong,in Tao Junrong, Sun Xoangjun, p. 76, pl, 1, fig. 5; text-fig. 1; leaves; No. : 52127,52166;Repository:Institute of Botany, the Chines Academy of Sciences;Lindian, Heilongjiang;Early Cretaceous Quantou Formation.

△*Protophyllum wuyunense* Tao,1986

(Notes :The specific name was spelled as *wuyungense* in the original paper)

1986a,b　Tao Junrong, in Tao Junrong, Xiong Xianzheng, p. 124, pl. 12, fig. 1; leaf; No. : 52132b,52392;Jiayin,Heilongjiang;Late Cretaceous Wuyun Formation. (Notes:The type specimen was not designated in the original paper.)

Protophyllum zaissanicum Romanova,1960

1960　Romanova, p. 2, text-fig. 3; leaf; Zaisan Basin, East Kazakhstan; Late Cretaceous — Tertiary.

2000　Guo Shuangxing,p. 235,pl. 2,fig. 16;pl. 7,fig. 9;leaves;Hunchun,Jilin;Late Cretaceous Hunchun Formation.

Genus *Pseudoprotophyllum* Hollick,1930

1930　Hollick,in Hollick,Martin,p. 92.

1986a,b　Tao Junrong,Xiong Xianzheng,p. 125.

1993a　Wu Xiangwu,p. 124.

Type species:*Pseudoprotophyllum marginatum* Hollick,1930

Taxonomic status:Platanaceae,Dicotyledoneae

Pseudoprotophyllum emarginatum Hollick,1930

1930　Hollick,in Hollick and Martin,p. 92,pl. 52,fig. 2a;pl. 65,fig. 3;leaves;Yukon River, Alaska,USA;Late Cretaceous.

1993a　Wu Xiangwu,p. 124.

Pseudoprotophyllum dentatum Hollick,1930

1930　Hollick,in Hollick,Martin,p. 93,pl. 65,figs. 1,2;pl. 66,figs. 2,3;pl. 67;pl. 73. fig. 3; leaves;Yukon River,Alaska,USA;Late Cretaceous

1986a,b　Tao Junrong,Xiong Xianzheng,p. 125.

Pseudoprotophyllum cf. *dentatum* Hollick

1986a,b　Tao Junrong,Xiong Xianzheng,p. 125,pl. 11,fig. 2;leaf;Jiayin,Heilongjiang;Late Cretaceous Wuyun Formation.

1993a　Wu Xiangwu,p. 124.

Genus *Pterocarya* Kunth,1842

1997　Pan Guang,p. 82.

Type species:(living genus)

Taxonomic status:Juglandaceae,Dicotyledoneae

△*Pterocarya siniptera* Pan,1996

1996　Pan Guang, p. 142, figs. 1 — 3; fruits; No. : LSJ00845A, LSJ00845B; Holotype: LSJ00845B (fig. 1B);Repository:Northeast China Coalfield Geology Bureau;Yanshan-Liaoning area, North China;Middle Jurassic. (in English)

1997　Pan Guang, p. 82, figs. 1. 1 — 1. 8; fruits; No. : LSJ00845A, LSJ00845B; Yanshan-Liaoning area, North China;Middle Jurassic. (in Chinese)

Genus *Pterospermites* Heer,1859

1859　Heer,p. 36.

1984　Zhang Zhicheng,p. 125.

1993a　Wu Xiangwu,p. 126.

Type species:*Pterospermites vagans* Heer,1859

Taxonomic status:Dicotyledoneae

Pterospermites vagans Heer,1859

1859　Heer,p. 36,pl. 109,figs. 1 — 5;winged seeds;Oensingen,Switzerland;Tertiary.

1993a　Wu Xiangwu,p. 126.

Pterospermites auriculaecordatus **Hollick,1936**

1936　Hollick,p. 151,pl. 92,figs. 1 − 5;pl. 93,figs. 1,2.

1986a,b　Tao Junrong, in Tao Junrong, Xiong Xianzheng, p. 129, pl. 11, figs. 3 − 5; leaves; Jiayin, Heilongjiang; Late Cretaceous Wuyun Formation.

△*Pterospermites heilongjiangensis* **Zhang,1984**

1984　Zhang Zhicheng,p. 125,pl. 2,fig. 15;leaf;No. ;MH1086;Holotype:MH1086（pl. 2,fig. 15）; Repository: Shenyang Institute of Geology and Mineral Resources; Jiayin, Heilongjiang;Late Cretaceous Taipinglinchang Formation.

1993a　Wu Xiangwu,p. 126.

1995a　Li Xingxue（editor-in-chief）, pl. 120, fig. 1; winged seed; Jiayin, Heilongjiang; Late Cretaceous Taipinglinchang Formation.（in Chinese）

1995b　Li Xingxue（editor-in-chief）, pl. 120, fig. 1; winged seed; Jiayin, Heilongjiang; Late Cretaceous Taipinglinchang Formation.（in English）

△*Pterospermites orientalis* **Zhang,1984**

1984　Zhang Zhicheng, p. 125, pl. 2, fig. 1; pl. 6, fig. 7; text-fig. 2; leaves; No. : MH1084, MH1085;Holotype:MH1084（pl. 6,fig. 7）;Repository:Shenyang Institute of Geology and Mineral Resources; Jiayin, Heilongjiang; Late Cretaceous Taipinglinchang Formation.

1993a　Wu Xiangwu,p. 126.

1995a　Li Xingxue（editor-in-chief）, pl. 119, fig. 5; pl. 120, fig. 3; winged seeds; Jiayin, Heilongjiang;Late Cretaceous Taipinglinchang Formation.（in Chinese）

1995b　Li Xingxue（editor-in-chief）, pl. 119, fig. 5; pl. 120, fig. 3; winged seeds; Jiayin, Heilongjiang;Late Cretaceous Taipinglinchang Formation.（in English）

△*Pterospermites peltatifolius* **Tao,1986**

1986a,b　Tao Junrong, in Tao Junrong, Xiong Xianzheng, p. 130, pl. 12, fig. 2; leaf; No. : 52432;Jiayin,Heilongjiang;Late Cretaceous Wuyun Formation.

Pterospermites **sp.**

1984　*Pterospermites* sp., Zhang Zhicheng, p. 126, pl. 6, fig. 1; winged seed; Jiayin, Heilongjiang;Late Cretaceous Yong'antun Formation.

Genus *Quercus* **Linné,1753**

1982　Geng Guocang,Tao Junrong,p. 117.

1993a　Wu Xiangwu,p. 127.

Type species:（living genus）

Taxonomic status:Fagaceae,Dicotyledoneae

△*Quercus orbicularis* Geng, 1982

1982   Geng Guocang, in Geng Guocang, Tao Junrong, p. 117, pl. 1, figs. 8 — 10; leaves; No. :
       51836, 51839, 51911; Gyisum of Ngamring, Tibet; Late Cretaceous — Eocene Qiuwu
       Formation. (Notes : The type specimen was not designated in the original paper)

1993a   Wu Xiangwu, p. 127.

Genus *Quereuxia* Kryshtofovich, 1953

1953   Kryshtofovich, p. 23.

1984   Zhang Zhicheng, p. 127.

1993a   Wu Xiangwu, p. 127.

Type species: *Quereuxia angulata* Kryshtofovich, 1953

Taxonomic status: Hydrocaryaceae, Dicotyledoneae

Quereuxia angulata Kryshtofovich, 1953

1953   Kryshtofovich, p. 23, pl. 3, figs. 1, 11; leaves; Soviet Union; Cretaceous.

1984   Zhang Zhicheng, p. 127, pl. 4, fig. 7; pl. 7, figs. 2 — 6; pl. 8, fig. 5; leaves; Jiayin,
       Heilongjiang; Late Cretaceous Yong'antun Formation and Taipinglinchang Formation.
       [Notes: This specimen lately was referred as *Trapa? angulata* (Newberry) Brown
       (Zheng Shaolin, Zhang Ying, 1994)]

1993a   Wu Xiangwu, p. 127.

Genus *Ranunculaecarpus* Samylina, 1960

1960   Samylina, p. 336.

1998   Liu Yusheng, p. 73.

Type species: *Ranunculaecarpus quiquecarpellatus* Samylina, 1960

Taxonomic status: Ranunculaceae, Dicotyledoneae

Ranunculaecarpus quiquecarpellatus Samylina, 1960

1960   Samylina, p. 336, pl. 1, figs. 3 — 5; text-fig. 1; fruits; Kolyma Basin of Northeast Sibria,
       Soviet Union; Early Cretaceous.

Ranunculaecarpus sp.

1998   *Ranunculaecarpus* sp., Liu Yusheng, p. 73, pl. 5, fig. 9; fruits; Ping Chau Island,
       Hongkong; Late Cretaceous Ping Chau Formation. (Notes: The generic name was
       spelled as *Ranunculicarpus* in the original paper)

△Genus *Ranunculophyllum* ex Tao et Zhang, 1990, Wu emend, 1993

[Notes: The generic name was originally not mentioned clearly as a new generic name (Wu Xiangwu, 1993a)]

1990   Tao Junrong, Zhang Chuanbo, pp. 221, 226.

1993a Wu Xiangwu, pp. 31, 232.

1993b Wu Xiangwu, pp. 508, 517.

Type species: *Ranunculophyllum pinnatisctum* Tao et Zhang, 1990

Taxonomic status: Ranunculaceae, Dicotyledoneae

△*Ranunculophyllum pinnatisctum* Tao et Zhang, 1990

1990   Tao Junrong, Zhang Chuanbo, pp. 221, 226, pl. 2, fig. 4; text-fig. 3; leaves; No. : $K_1 d_{41-9}$; Repository: Institute of Botany, the Chinese Academy of Sciences; Yanji, Jilin; Early Cretaceous Dalazi Formation.

1993a Wu Xiangwu, pp. 31, 232.

1993b Wu Xiangwu, pp. 508, 517.

Ranunculophyllum pinnatisctum Tao et Zhang?

1995a Li Xingxue (editor-in-chief), pl. 144, fig. 5; leaf; Dalazi in Zhixin of Longjing, Jilin; Early Cretaceous Dalazi Formation. (in Chinese)

1995b Li Xingxue (editor-in-chief), pl. 144, fig. 5; leaf; Dalazi in Zhixin of Longjing, Jilin; Early Cretaceous Dalazi Formation. (in English)

Genus *Ranunculus* Linné

1964   Miki, p. 19.

1993a Wu Xiangwu, p. 128.

Type species: (living genus)

Taxonomic status: Ranunculaceae, Dicotyledoneae

△*Ranunculus jeholensis* (Yabe et Endo) Miki, 1964

1935   *Potamogeton jeholensis* Yabe et Endo, p. 274, figs. 1, 2, 5; leafy shoots; Lingyuan, Hebei; Early Cretaceous (?) Lycoptera Bed.

1964   Miki, p. 19, text-figs. ; leafy shoot; Lingyuan, Hebei; Late Jurassic Lycoptera Bed.

1993a Wu Xiangwu, p. 128.

Genus *Rhamnites* Forbes, 1851

1851   Forbes, 103.

1975　Guo Shuangxing, p. 419.

1993a　Wu Xiangwu, p. 129.

Type species: *Rhamnites multinervatus* Forbes, 1851

Taxonomic status: Rhamnaceae, Dicotyledoneae

Rhamnites multinervatus Forbes, 1851

1851　Forbes, p. 103, pl. 3, fig. 2; leaf; Isel of Mull, Scotland; Miocene.

1993a　Wu Xiangwu, p. 129.

Rhamnites eminens (Dawson) Bell, 1957

1894　*Diospyros eminens* Dawson, p. 62, pl. 10, fig. 40.

1957　Bell, p. 62, pl. 44, fig. 1; pl. 46, figs. 1 — 3, 5; pl. 48, figs. 1 — 5; pl. 49, figs. 1 — 4; pl. 50, fig. 5; pl. 56, fig. 5; leaves; British Columbia; Late Cretaceous.

1975　Guo Shuangxing, p. 419, pl. 3, figs. 4, 7; leaves; Xigaze, Tibet; Late Cretaceous Xigaze Group.

1993a　Wu Xiangwu, p. 129.

Genus *Rhamnus* Linné, 1753

1980　Zhang Zhicheng, p. 335.

1993a　Wu Xiangwu, p. 129.

Type species: (living genus)

Taxonomic status: Rhamnaceae, Dicotyledoneae

△*Rhamnus menchigesis* Tao, 1982

1982　Tao Junrong, in Geng Guocang, Tao Junrong, p. 119, pl. 7, fig. 8; leaf; No. : 51891; Moinser, Gar, Tibet; Late Cretaceous — Eocene Moinser Formation.

△*Rhamnus shangzhiensis* Tao et Zhang, 1980

1980　Zhang Zhicheng, p. 335, pl. 196, figs. 2, 6; pl. 197, fig. 4; leaves; Reg. No. : D628, D629; Repository: Shenyang Institute of Geology and Mineral Resources; Feijiajie in Shangzhi of Heilongjiang; Late Cretaceous Sunwu Formation. (Notes : The type specimen was not designated in the original paper)

1993a　Wu Xiangwu, p. 129.

△Genus *Rhizoma* Wu S Q, 1999 (in Chinese)

1999　Wu Shunqing, p. 24.

Type species: *Rhizoma elliptica* Wu S Q, 1999

Taxonomic status: Nymphaceae, Dicotyledoneae

△*Rhizoma elliptica* **Wu S Q,1999**(in Chinese)

1999　Wu Shunqing, p. 24, pl. 16, figs. 9, 10; rhizomes; Col. No. : AEO-110, AEO-197; Reg. No. : PB18322, PB18323; Repository: Nanjing Institute of Geology and Palaeontology, Chinese Academy of Sciences; Huangbanjigou in Shangyuan of Beipiao, Liaoning; Late Jurassic Jianshangou Bed in lower part of Yixian Formation. (Notes: The type specimen was not designated in the original paper)

Genus *Rogersia* Fontaine, 1889

1889　Fontaine, p. 287.

1980　Zhang Zhicheng, p. 339.

1993a　Wu Xiangwu, p. 131.

Type species: *Rogersia longifolia* Fontaine, 1889

Taxonomic status: Protiaceae, Dicotyledoneae

Rogersia longifolia **Fontaine, 1889**

1889　Fontaine, p. 287, pl. 139, fig. 6; pl. 144, fig. 2; pl. 150, fig. 1; pl. 159, figs. 1, 2; leaves; Potomac of Virginia, USA; Early Cretaceous Potomac Group.

1993a　Wu Xiangwu, p. 131.

2005　Zhang Guangfu, pl. 1, fig. 4; leaf; Jilin; Early Cretaceous Dalazi Formation.

Rogersia angustifolia **Fontaine, 1889**

1889　Fontaine, p. 288, pl. 143, fig. 2; pl. 149, figs. 4, 8; pl. 150, figs. 2 − 7; leaves; near Potomac of Virginia, USA; Early Cretaceous Potomac Group.

1980　Zhang Zhicheng, p. 339, pl. 190, fig. 9; leaf; Dalazi of Yanji, Jilin; Early Cretaceous Dalazi Formation.

1990　Tao Junrong, Zhang Chuanbo, p. 225, pl. 1, figs. 2, 3; leaves; Yanji, Jilin; Early Cretaceous Dalazi Formation.

1993a　Wu Xiangwu, p. 131.

Rogersia lanceolata **Fontaine ex Sun et al. , 1992**

1992　Sun Ge and others, p. 543, pl. 1, fig. 15; leaf; Chengzihe of Jixi, Heilongjiang; Early Cretaceous upper part of Chengzihe Formation. (in Chinese)

1993　Sun Ge and others, p. 249, pl. 1, fig. 15; leaf; Chengzihe of Jixi, Heilongjiang; Early Cretaceous upper part of Chengzihe Formation. (in English)

Genus *Sahnioxylon* Bose et Sahni, 1954, Zheng et Zhang emend, 2005

1954　Bose, Sahni, p. 1.

2005　Zheng Shaolin, Zhang Wu, in Zheng Shaolin and others, p. 211.

Type species:*Sahnioxylon rajmahalense* (Sahni) Bose et Sahni,1954

Taxonomic status:cycadophytes? or angiospermous?

Sahnioxylon rajmahalense (Sahni) Bose et Sahni,1954

1932　*Homoxylon rajmahalense* Sahni, p. 1, pls. 1, 2; woods (compared with moddern homoxylous Magnoliacea);Rajmahal Hills,Behar,India;Jurassic.

1954　Bose,Sahni,p. 1,pl. 1;wood;Rajmahal Hills,Behar,India;Jurassic.

2005　Zheng Shaolin,Zhang Wu,in Zheng Shaolin and others,p. 212,pl. 1,figs. A — E;pl. 2, figs. A — D; woods; Chang'ao and Batuying of Beipiao, Liaoning; Middle Jurassic Tiaojishan Formation.

Genus *Saliciphyllum* Conwentz,1886 (non Fontaine,1889)

1886　Conwentz,p. 44.

1970　Andrews,p. 189.

1993a　Wu Xiangwu,p. 132.

Type species:*Saliciphyllum succineum* Conwentz,1886

Taxonomic status:Salicaceae,Dicotyledoneae

Saliciphyllum succineum Conwentz,1886

1886　Conwentz,p. 44,pl. 4,figs. 17 — 19;leaves;West Prussia;Tertiary.

1970　Andrews,p. 189.

1993a　Wu Xiangwu,p. 132.

Genus *Saliciphyllum* Fontaine,1889 (non Conwentz,1886)

(Notes:This generic names *Saliciphyllum* Fontaine, 1889 is a homonym junius of *Saliciphyllum* Conwentz,1886)

1889　Fontaine,p. 302.

1970　Andrews,p. 189.

1984　Guo Shuangxing,p. 86.

1993a　Wu Xiangwu,p. 132.

Type species:*Saliciphyllum longifolium* Fontaine,1889

Taxonomic status:Salicaceae,Dicotyledoneae

Saliciphyllum longifolium Fontaine,1889

1889　Fontaine,p. 302,pl. 150,fig. 12;leaf;Potomac of Virginia, USA;Early Cretaceous Potomac Group.

1970　Andrews,p. 189.

1984　Guo Shuangxing,p. 86.

1990　Tao Junrong, Zhang Chuanbo, p. 226, pl. 1, fig. 8; leaf; Yanji, Jilin; Early Cretaceous

Dalazi Formation.

1993a Wu Xiangwu, p. 132.

Saliciphyllum sp.

1984 *Saliciphyllum* sp., Guo Shuangxing, p. 86, pl. 1, figs. 3, 7; leaves; Anda, Heilongjiang; Late Cretaceous Qingshankou Formation; Durbud, Heilongjiang; Late Cretaceous upper part of Qingshankou Formation.

1993a *Saliciphyllum* sp., Wu Xiangwu, p. 132.

Genus *Salix* Linné, 1753

1975 Guo Shuangxing, p. 414.

1993a Wu Xiangwu, p. 132.

Type species: (living genus)

Taxonomic status: Salicaceae, Dicotyledoneae

Salix meeki Newberry, 1868

1868 Newberry, p. 19; North America (Banks of Yellowstone River, Montana); Early Cretaceous (Sadstone).

1898 Newberry, p. 58, pl. 2, fig. 3; leaf; North America (Blackbird Hill, Nebraska); Cretaceous (Dakota Group).

Salix cf. *meeki* Newberry

1975 Guo Shuangxing, p. 415, pl. 1, figs. 1, 1a; leaves; Xigaze, Tibet; Late Cretaceous Xigaze Group.

1993a Wu Xiangwu, p. 132.

Genus *Sapindopsis* Fontaine, 1889

1889 Fontaine, p. 296.

1980 Zhang Zhicheng, p. 333.

1993a Wu Xiangwu, p. 132.

Type species: *Sapindopsis cordata* Fontaine, 1889

Taxonomic status: Sapindaceae, Dicotyledoneae

Sapindopsis cordata Fontaine, 1889

1889 Fontaine, p. 296, pl. 147, fig. 1; leaf; Fredericksburg of Virginia, USA; Early Cretaceous Potomac Group.

1993a Wu Xiangwu, p. 132.

Sapindopsis magnifolia Fontaine, 1889

1889 Fontaine, p. 297, pl. 151, figs. 2, 3; pl. 152, figs. 2, 3; pl. 153, fig. 2; pl. 154, figs. 1, 5;

pl. 155, fig. 6; leaves; Virginia, USA; Early Cretaceous Potomac Group.

1990　Tao Junrong, Zhang Chuanbo, p. 225, pl. 2, figs. 1, 2; tex-fig. 2; leaves; Yanji, Jilin; Early Cretaceous Dalazi Formation.

2000　Sun Ge and others, pl. 4, fig. 4; leaf; Dalazi of Zhixin, Longjing, Jilin; Early Cretaceous Dalazi Formation.

2005　Zhang Guangfu, pl. 2, figs. 1, 4, 7, 9 — 11; leaves; Jilin; Early Cretaceous Dalazi Formation.

Sapindopsis cf. *variabilis* Fontaine

1980　Zhang Zhicheng, p. 333, pl. 193, fig. 1; leaf; Dalazi of Yanji, Jilin; Early Cretaceous Dalazi Formation.

1993a　Wu Xiangwu, p. 132.

Genus *Sassafras* Boemer, 1760

1990　Tao Junrong, Zhang Chuanbo, p. 227.

1993a　Wu Xiangwu, p. 133.

Type species: (living genus)

Taxonomic status: Lauraceae, Dicotyledoneae

Sassafras cretaceoue Newberry var. *heterobum* Fontaine, 1889

1889　Fontaine, p. 289, pl. 152, fig. 5; pl. 159, fig. 8; pl. 164, fig. 5; leaves; Virginia, USA; Early Cretaceous Potomac Group.

2000　Sun Ge and others, pl. 4, fig. 8; leaf; Mudanjiang, Heilongjiang; Early Cretaceous Houshigou Formation.

Cf. *Sassafras cretaceoue* var. *heterobum* Fontaine

1995a　Li Xingxue (editor-in-chief), pl. 143, fig. 3; leaf; Dalazi in Zhixin of Longjing, Jilin; Early Cretaceous Dalazi Formation. (in Chinese)

1995b　Li Xingxue (editor-in-chief), pl. 143, fig. 3; leaf; Dalazi in Zhixin of Longjing, Jilin; Early Cretaceous Dalazi Formation. (in English)

"*Sassafras*" *potomacensis* Beery

2005　Zhang Guangfu, pl. 2, figs. 2, 3; leaves; Jilin; Early Cretaceous Dalazi Formation.

Sassafras sp.

1990　*Sassafras* sp., Tao Junrong, Zhang Chuanbo, p. 227, pl. 2, fig. 5; tex-fig. 5; leaf; Yanji, Jilin; Early Cretaceous Dalazi Formation.

1993a　*Sassafras* sp., Wu Xiangwu, p. 133.

Genus *Schisandra* Michaux, 1803

1984　Guo Shuangxing, p. 87.

1993a　Wu Xiangwu, p. 134.

Type species: (living genus)

Taxonomic status: Schisandronideae, Magnoliaceae, Dicotyledoneae

△*Schisandra durbudensis* Guo, 1984

1984　Guo Shuangxing, p. 87, pl. 1, figs. 2, 2a; leaves; Reg. No. : PB10362; Repository: Nanjing Institute of Geology and Palaeontology, Chinese Academy of Sciences; Durbud, Heilongjiang; Late Cretaceous upper part of Qingshankou Formation.

1993a　Wu Xiangwu, p. 134.

△Genus *Setarites* Pan, 1983 (nom. nud.)

1983　Pan Guang, p. 1520. (in Chinese)

1984　Pan Guang, p. 959. (in English)

1993a　Wu Xiangwu, pp. 163, 250.

1993b　Wu Xiangwu, pp. 508, 518.

Type species: (without specific name)

Taxonomic status: "primitive angiosperms"

Setarites sp. indet.

(Notes: Generic name was given only, without specific name or type species in the original paper.)

1983　*Setarites* sp. indet., Pan Guang, p. 1520; Yanshan – Liaoning area, North China (45°58′ N, 120°21′E); Middle Jurassic Haifanggou Formation. (in Chinese)

1984　*Setarites* sp. indet., Pan Guang, p. 959; Yanshan – Liaoning area, North China (45°58′N, 120°21′E); Middle Jurassic Haifanggou Formation. (in English)

△Genus *Shenkuoia* Sun et Guo, 1992

1992　Sun Ge, Guo Shuangxing, in Sun Ge and others, p. 546. (in Chinese)

1993　Sun Ge, Guo Shuangxing, in Sun Ge and others, p. 254. (in English)

1993a　Wu Xiangwu, pp. 162, 247.

Type species: *Shenkuoia caloneura* Sun et Guo

Taxonomic status: Dicotyledoneae

△*Shenkuoia caloneura* Sun et Guo, 1992

1992 Sun Ge, Guo Shuangxing, in Sun Ge and others, p. 547, pl. 1, figs. 13, 14 pl. 2, figs. 1 — 6; leaves and cuticles; Reg. No: PB16775, PB16777; Holotype: PB16775 (pl. 1, fig. 13); Repository: Nanjing Institute of Geology and Palaeontology, Chinese Academy of Sciences; Chengzihe of Jixi, Heilongjiang; Early Cretaceous upper part of Chengzihe Formation. (in Chinese)

1993 Sun Ge, Guo Shuangxing, in Sun Ge and others, p. 254, pl. 1, figs. 13, 14 pl. 2, figs. 1 — 6; leaves and cuticles; Reg. PB16775, PB16777; Holotype: PB16775 (pl. 1, fig. 13); Repository: Nanjing Institute of Geology and Palaeontology, Chinese Academy of Sciences; Chengzihe of Jixi, Heilongjiang; Early Cretaceous upper part of Chengzihe Formation. (in English)

1993a Wu Xiangwu, pp. 162, 247.

1995a Li Xingxue (editor-in-chief), pl. 141, fig. 6; text-fig. 9-2. 6; leaves; Chengzihe of Jixi, Heilongjiang; Early Cretaceous Chengzihe Formation. (in Chinese)

1995b Li Xingxue (editor-in-chief), pl. 141, fig. 6; text-fig. 9-2. 6; leaves; Chengzihe of Jixi, Heilongjiang; Early Cretaceous Chengzihe Formation. (in English)

1996 Sun Ge, Dilcher D L, pl. 1, figs. 12 — 14; text-fig. 1F; leaves; Chengzihe of Jixi, Heilongjiang; Early Cretaceous upper part of Chengzihe Formation.

2000 Sun Ge and others, pl. 3, figs. 7 — 9; leaves; Chengzihe of Jixi, Heilongjiang; Early Cretaceous upper part of Chengzihe Formation.

2002 Sun Ge Dilcher D L, p. 101, pl. 3, figs. 1 — 3, 11 (?); text-fig. 4E; leaves; Chengzihe of Jixi, Heilongjiang; Early Cretaceous upper part of Chengzihe Formation.

△Genus *Sinocarpus* Leng et Friis, 2003 (in English)

2003 Leng Qin, Friis, p. 79.

Type species: *Sinocarpus decussatus* Leng et Friis, 2003

Taxonomic status: incertae sedis

△*Sinocarpus decussatus* Leng et Friis, 2003 (in English)

2003 Leng Qin, Friis, p. 79, figs. 2 — 22; fruits; Holotype: B0162 [fig. 2-left (B0162A front), fig. 2-right (B0162B counterpart) and figs. 11 — 22 SEM micrographs]; Repository: Institute of Vertebrate Palaeontology and Paleoanthropology, Chinese Academy of Sciences; Dawangzhangzi of Lingyuan, Chaoyang, Liaoning; Early Cretaceous Barremian or Aptian Dawangzhangzi Bed of the Yixian Formation.

2003 Zhang Miman (editor-in-chief), figs. 254 — 256; fruits; Dawangzhangzi of Lingyuan, Chaoyang, Liaoning; Early Cretaceous Barremian or Aptian Dawangzhangzi Bed of the Yixian Formation. (in English)

△**Genus *Sinodicotis* Pan,1983** (nom. nud.)

1983　Pan Guang,p. 1520. (in Chinese)

1984　Pan Guang,p. 958. (in English)

1993a　Wu Xiangwu,pp. 163,250.

1993b　Wu Xiangwu,pp. 508,518.

Type species：(without specific name)

Taxonomic status："hemiangiosperms"

Sinodicotis **sp. indet.**

(Notes：Generic name was given only，without specific name or type species in the original paper)

1983　*Sinodicotis* sp. indet.,Pan Guang,p. 1520；Yanshan – Liaoning area，North China(45° 58′N,120°21′E)；Middle Jurassic Haifanggou Formation. (in Chinese)

1984　*Sinodicotis* sp. indet.,Pan Guang,p. 958；Yanshan – Liaoning area，North China(45°58′ N,120°21′E)；Middle Jurassic Haifanggou Formation. (in English)

Genus *Sorbaria* (Ser.) A. Braun

1986a,b　Tao Junrong,Xiong Xianzheng,p. 127.

1993a　Wu Xiangwu,p. 137.

Type species：(living genus)

Taxonomic status：Rosaceae,Spiraeoideae,Dicotyledoneae

△*Sorbaria wuyunensis* **Tao,1986**

(Notes：The specific name was spelled as *wuyungense* in the original paper)

1986a,b　Tao Junrong,in Tao Junrong,Xiong Xianzheng,p. 127,pl. 6,figs. 5,6；leaves；No. ： 52240,52262；Jiayin,Heilongjiang；Late Cretaceous Wuyun Formation. (Notes ：The type specimen was not designated in the original paper.)

1993a　Wu Xiangwu,p. 137.

Genus *Sparganium* Linné,1753

1984　Wang Ziqiang,p. 295.

1993a　Wu Xiangwu,p. 138.

Type species：(living genus)

Taxonomic status：Sparganiaceae,Dicotyledoneae

△*Sparganium*? *fengningense* **Wang,1984**

(Notes :The specific name was spelled as *fenglingense* in the original paper.)

1984   Wang Ziqiang,p. 295,pl. 157,figs. 10,13;leaves;Reg. No. :P0366,P0367;Repository:
Nanjing Institute of Geology and Palaeontology,Chinese Academy of Sciences;Weichang
and Fengning,Hebei;Early Cretaceous Jiufotang Formation. (Notes :The type specimen
was not designated in the original paper)

1993a   Wu Xiangwu,p. 138.

△**Genus *Stephanofolium* Guo,2000** (in English)

2000   Guo Shuangxing,p. 233.

Type species:*Stephanofolium ovatiphyllum* Guo,2000

Taxonomic status:Menisspermaceae,Dicotyledoneae

Stephanofolium ovatiphyllum **Guo,2000** (in English)

2000   Guo Shuangxing,p. 233,pl. 2,fig. 8;pl. 6,figs. 1 — 6;leaves;Reg. No. :PB18630 —
PB18633;Holotype:PB18632 (pl. 6,fig. 1);Repository:Nanjing Institute of Geology
and Palaeontology, Chinese Academy of Sciences; Hunchun, Jilin; Late Cretaceous
Hunchun Formation.

Genus *Sterculiphyllum* Nathorst,1886

1886   Nathorst,p. 52.

1990   Tao Junrong,Zhang Chuanbo,p. 226.

1993a   Wu Xiangwu,p. 143.

Type species:*Sterculiphyllum limbatum* (Velenovsky) Nathorst,1886

Taxonomic status:Sterculiaceae,Dicotyledoneae)

Sterculiphyllum limbatum (**Velenovsky**) **Nathorst,1886**

1883   *Sterculia limbatum* Velenovsky1,p. 21,pl. 5,figs. 2 — 5;pl. 6,fig. 1.

1886   Nathorst,p. 52.

1993a   Wu Xiangwu,p. 143.

Sterculiphyllum eleganum (**Fontaine**) **ex Tao et Zhang,1990**

1883   *Sterculia eleganum* Fontaine, p. 314, pl. 157, fig. 2; pl. 158, figs. 2, 3; leaves; Deep
Bottom park of Virginia,USA;Early Cretaceous Potomac Group.

1990   Tao Junrong, Zhang Chuanbo, p. 226, pl. 1, figs. 4 — 7; leaves; Yanji, Jilin; Early
Cretaceous Dalazi Formation.

1993a   Wu Xiangwu,p. 143.

2005   Zhang Guangfu,pl. 2,fig. 5;leaf;Jilin;Early Cretaceous Dalazi Formation.

Genus *Tetracentron* Olv.

1986a,b　Tao Junrong,Xiong Xianzheng,p. 124.

1993a　Wu Xiangwu,p. 146

Type species:(living genus)

Taxonomic status:Tetrcentroideae,Magnoliaceae,Dicotyledoneae

△*Tetracentron wuyunense* Tao,1986

(Notes :The specific name was spelled as *wuyungense* in the original paper)

1986a,b　Tao Junrong, in Tao Junrong, Xiong Xianzheng, p. 124, pl. 2, fig. 9; pl. 5, fig. 4;
　　　　　leaves;No. :52392,52132b;Jiayin,Heilongjiang;Late Cretaceous Wuyun Formation.
　　　　　(Notes :The type specimen was not designated in the original paper)

1993a　Wu Xiangwu,p. 146

Genus *Tiliaephyllum* Newberry,1895

1895　Newberry,p. 109.

1984　Zhang Zhicheng,p. 124.

2000　Guo Shuangxing,p. 238.

1993a　Wu Xiangwu,p. 149.

Type species:*Tiliaephyllum dubium* Newberry,1895

Taxonomic status:Tiliaceae,Dicotyledoneae

Tiliaephyllum dubium Newberry,1895

1895　Newberry,p. 109,pl. 15,fig. 5;leaf;New Jersey,USA;Cretaceous.

1984　Zhang Zhicheng,p. 124.

1993a　Wu Xiangwu,p. 149.

△*Tiliaephyllum jilinense* Gao,2000 (in English)

2000　Guo Shuangxing, p. 238, pl. 4, fig. 2; pl. 7, fig. 7; leaves; Reg. No. :PB18676,PB18677;
　　　　Holotype:PB18676 (pl. 4, fig. 2); Repository:Nanjing Institute of Geology and
　　　　Palaeontology,Chinese Academy of Sciences;Hunchun,Jilin;Late Cretaceous Hunchun
　　　　Formation.

Tiliaephyllum tsagajannicum (Kryshtofovich et Baikov.) Krassilov,1976

1976　Krassilov,p. 70,pl. 35,figs. 1,2;pl. 36,figs. 2,3;pl. 37,figs. 1,2.

1995a　Li Xingxue (editor-in-chief),pl. 118,fig. 5;leaves;Jiayin,Heilongjiang;Late Cretaceous
　　　　Taipinglinchang Formation. (in Chinese)

1995b　Li Xingxue (editor-in-chief),pl. 118,fig. 5;leaves;Jiayin,Heilongjiang;Late Cretaceous
　　　　Taipinglinchang Formation. (in English)

Tiliaephyllum cf. *tsagajannicum* (**Kryshtofovich et Baikov.**) **Krassilov**

1986a,b　Tao Junrong, Xiong Xianzheng, p. 129, pl. 8, fig. 7; leaf; Jiayin, Heilongjiang; Late Cretaceous Wuyun Formation.

Cf. *Tiliaephyllum tsagajannicum* (**Kryshtofovich et Baikov.**) **Krassilov**

1984　Zhang Zhicheng, p. 124, pl. 4, fig. 5; leaf; Jiayin, Heilongjiang; Late Cretaceous Taipinglinchang Formation.

Genus *Trapa* Linné, 1753

1959　Li Xingxue, pp. 33, 37.

1963　Sze H C, Li Xingxue and others, p. 367.

1993a　Wu Xiangwu, p. 150.

Type species: (living genus)

Taxonomic status: Hydrocaryaceae, Dicotyledoneae

Trapa? *microphylla* **Lesquereux, 1878**

1878　Lesquereux, p. 259, pl. 61, figs. 16, 17a; leaves; America; Late Cretaceous.

1959　Li Xingxue, pp. 33, 37, pl. 1, figs, 2, 3, 5 — 8; leaves; Miaotaizi of Harbin, Heilongjiang; Late Cretaceous Sungari Series.

1963　Sze H C, Li Xingxue and others, p. 367, pl. 106, figs. 2, 3; pl. 107, figs. 3 — 5a; leaves; Miaotaizi, Nenjiang and Lanxi of Harbin, Heilongjiang; Late Cretaceous.

1980　Zhang Zhicheng, p. 331, pl. 208, fig. 8; leaf; Miaotaizi, Nenjiang and Lanxi of Harbin, Heilongjiang; Late Cretaceous Nenjiang Formation.

1993a　Wu Xiangwu, p. 150.

Trapa angulata (**Newberry**) **Brown, 1962**

1861　*Neuropteris angulata* Newberry, in Ives, p. 131, pl. 3, fig. 5.

1962　Brown, p. 83, pl. 58, figs. 1 — 12; leaves; Rocky Mountains and the Great Plains; Paleocene.

1984　Guo Shuangxing, p. 87, Suihua, Heilongjiang; Late Cretaceous Quantou Formation; Harbin and Durbud, Heilongjiang; Late Cretaceous Nenjiang Formation.

1994　Zheng Shaolin, Zhang Ying, p. 759, pl. 3, figs. 12 — 17; leaves; Mingshui, Songliao Basin, Northeast China; Late Early Cretaceous members 2, 3 of Yaojia Formation.

1995a　Li Xingxue (editor-in-chief), pl. 118, figs. 1 — 3; pl. 120, fig. 5; leaves; Jiayin, Heilongjiang; Late Cretaceous Taipinglinchang Formation; Miaotaizi, Harbin, Heilongjiang; Late Cretaceous upper part of Songhuajiang Group. (in Chinese)

1995b　Li Xingxue (editor-in-chief), pl. 118, figs. 1 — 3; pl. 120, fig. 5; leaves; Jiayin, Heilongjiang; Late Cretaceous Taipinglinchang Formation; Miaotaizi, Harbin, Heilongjiang; Late Cretaceous upper part of Songhuajiang Group. (in English)

Trapa? sp.

1999　*Trapa*? sp., Wu Shunqing, p. 22, pl. 16, figs. 1 — 2a, 6 (?), 6a (?), 8 (?); fruits;

Huangbanjigou in Shangyuan of Beipiao, Liaoning; Late Jurassic Jianshangou Bed in lower part of Yixian Formation. [Notes: This specimen lately was referred as *Beipiaoa parva* Dilcher, Sun et Zheng (Sun Ge and others, 2001)]

Genus *Trochodendroides* Berry, 1922

1922   Berry, p. 166.

1979   Guo Shuangxing, Li Haomin, p. 554.

1993a   Wu Xiangwu, p. 151.

Type species: *Trochodendroides rhomboideus* (Lesquereux) Berry, 1922

Taxonomic status: Trochodendraceae, Dicotyledoneae

Trochodendroides rhomboideus (Lesquereux) Berry, 1922

1868   *Ficus? rhomboideus* Lesquereux, p. 96.

1874   *Phyllites rhomboideus* Lesquereux. p. 112, pl. 6, fig. 7; leaves; Arthus Bluff of Texas, USA; Late Cretaceous Woodbine Formation.

1922   Berry, p. 166, pl. 36, fig. 6; leaf; Arthus Bluff of Texas, USA; Late Cretaceous Woodbine Formation.

1993a   Wu Xiangwu, p. 151.

Trochodendroides arctica (Heer) Berry

1868   *Populus arctica* Heer, p. 100, pl. 4, figs. 6a, 7; pl. 5, fig. 5; pl. 6, figs. 5, 6.

1984   Zhang Zhicheng, p. 121, pl. 2, figs. 2, 3, 9, 12; pl. 3, figs. 5 — 7; pl. 5, figs. 1 — 3, 6 — 10; pl. 7, figs. 8b, 8c; pl. 8, fig. 8a; leaves; Jiayin, Heilongjiang; Late Cretaceous Yong'antun Formation, Taipinglinchang Formation and Wuyun Formation.

1986a, b   Tao Junrong, Xiong Xianzheng, p. 124, pl. 6, fig. 7; pl. 7, figs. 1 — 4; pl. 16, fig. 2; leaves; Jiayin, Heilongjiang; Late Cretaceous Wuyun Formation.

1990   Zhang Ying and others, p. 240, pl. 2, fig. 9b; pl. 3, figs. 4, 5, 7, 8; leaves; Tangyuan, Heilongjiang; Late Cretaceous Furao Formation.

1995a   Li Xingxue (editor-in-chief), pl. 118, fig. 4; pl. 119, figs. 3, 4; leaves; Jiayin, Heilongjiang; Late Cretaceous Taipinglinchang Formation. (in Chinese)

1995b   Li Xingxue (editor-in-chief), pl. 118, fig. 4; pl. 119, figs. 3, 4; leaves; Jiayin, Heilongjiang; Late Cretaceous Taipinglinchang Formation. (in English)

Trochodendroides smilacifolia (Newberry) Kryshtofovich, 1966

1966   Kryshtofovich, Baikofskaia, p. 265, pl. 9, fig. 3; pl. 11, figs. 3, 4; pl. 12, fig. 3; pl. 13, fig. 5; pl. 21, fig. 4.

1984   Zhang Zhicheng, p. 122, pl. 2, figs. 8, 11; pl. 3, fig. 11; leaves; Jiayin, Heilongjiang; Late Cretaceous Taipinglinchang Formation.

Trochodendroides vassilenkoi Iljinska et Romanova, 1974

1974   Iljinska, Romanova, p. 118. pl. 50, figs. 1 — 4; text-fig. 75.

1979　Guo Shuangxing,Li Haomin,p. 554,pl. 1,fig. 7;leaves;Hunchun,Jilin;Late Cretaceous Hunchun Formation.

1993a　Wu Xiangwu,p. 151.

Genus *Trochodendron* Sieb. et Fucc.

1986a,b　Tao Junrong,Xiong Xianzheng,p. 124.

1993a　Wu Xiangwu,p. 151.

Type species:(living genus)

Taxonomic status:Trochodendraceae,Dicotyledoneae

Trochodendron sp.

1986a,b　*Trochodendron* sp.,Tao Junrong,Xiong Xianzheng,p. 124,pl. 7,fig. 6;pl. 11,fig. 10; fruits;Jiayin,Heilongjiang;Late Cretaceous Wuyun Formation.

1993a　*Trochodendron* sp.,Wu Xiangwu,p. 151.

Genus *Typha* Linné

1986a,b　Tao Junrong,Xiong Xianzheng,pl. 6,fig. 11.

1993a　Wu Xiangwu,p. 152.

Type species:(living genus)

Taxonomic status:Typhaceae,Monocotyledoneae

Typha sp.

1986a,b　*Typha* sp.,Tao Junrong,Xiong Xianzheng,pl. 6,fig. 11;leaf;Jiayin,Heilongjiang; Late Cretaceous Wuyun Formation.

1993a　*Typha* sp.,Wu Xiangwu,p. 152.

Genus *Typhaera* Krassilov,1982

1982　Krassilov,p. 36.

1999　Wu Shunqing,p. 22.

Type species:*Typhaera fusiformis* Krassilov,1982

Taxonomic status:Typhaceae,Monocotyledoneae

Typhaera fusiformis Krassilov,1982

1982　Krassilov,p. 36,pl. 19,figs. 247 — 251;Mongolia;Early Cretaceous.

1999　Wu Shunqing,p. 22,pl. 15 figs. 3,3a;pl. 17,figs. 3,3a,6,6a;fruits;Huangbanjigou in Shangyuan of Beipiao,Liaoning;Late Jurassic Jianshangou Bed in lower part of Yixian

Formation.

2001　Zhang Miman (editor-in-chief), fig. 166; fruits; Huangbanjigou in Shangyuan of Beipiao, Liaoning; Late Jurassic Jianshangou Bed in lower part of Yixian Formation. (in Chinese)

2003　Zhang Miman (editor-in-chief), fig. 244; fruits; Huangbanjigou in Shangyuan of Beipiao, Liaoning; Late Jurassic Jianshangou Bed in lower part of Yixian Formation. (in English)

Genus *Ulmiphyllum* Fontaine, 1889

1889　Fontaine, p. 312.

2005　Zhang Guangfu, pl. 1, fig. 1.

Type species: *Ulmiphyllum brookense* Fontaine, 1889

Taxonomic status: Ulmaceae, Dicotyledoneae

Ulmiphyllum brookense Fontaine, 1889

1889　Fontaine, p. 312, pl. 155, fig. 8; pl. 163, fig. 7; leaves; Brooke of Virginia, USA; Early Cretaceous Potomac Group.

2005　Zhang Guangfu, pl. 1, fig. 1; leaf; Jilin, Helongjiang; Early Cretaceous Dalazi Formation.

Genus *Viburniphyllum* Nathorst, 1886

1886　Nathorst, p. 52.

1990　Tao Junrong, Sun Xiangjun, p. 76.

1993a　Wu Xiangwu, p. 153.

Type species: *Viburniphyllum giganteum* (Saporta) Nathorst, 1886

Taxonomic status: Caprifoliaceae, Dicotyledoneae

Viburniphyllum giganteum (Saporta) Nathorst, 1886

1868　*Viburnum giganteum* Saporta, p. 370, pl. 30, figs. 1, 2; leaves; , France; Eocene.

1886　Nathorst, p. 52.

1993a　Wu Xiangwu, p. 153.

Viburniphyllum finale (Ward) Krassilov, 1976

1976　Krassilov, p. 74, pl. 41, figs. 1 — 7.

1986a, b　Tao Junrong, Xiong Xianzheng, p. 130, pl. 6, fig. 10; leaf; Jiayin, Heilongjiang; Late Cretaceous Wuyun Formation.

△*Viburniphyllum serrulutum* Tao, 1986

1980　Tao Junrong, in Tao Junrong, Sun Xiangjun, p. 76, pl, 1, figs. 6, 7; leaves; No. : 52115, 52127; Repository: Institute of Botany, the Chinese Academy of Sciences; Lindian, Heilongjiang; Early Cretaceous Quantou Formation. (Notes : The type specimen was not designated in the original paper)

1993a Wu Xiangwu, p. 153.

Genus *Viburnum* Linné, 1753

1975　Guo Shuangxing, p. 421.

1993a　Wu Xiangwu, p. 154.

Type species: (living genus)

Taxonomic status: Caprifoliaceae, Dicotyledoneae

Viburnum antiquum (Newberry) Hollick, 1898

1868　*Tilia antiqua* Newberry, p. 52; near Fort Clarke, North America; Miocene.

1898　Hollick, in Newberry, p. 128, pl. 33, figs. 1, 2; leaves; near Fort Clarke, North America; Tertiary Eocene (?).

1936　Hollick, p. 166, pl. 106, fig. 3; leaf; Alaska, America; Tertiary.

1986a, b　Tao Junrong, Xiong Xianzheng, p. 130, pl. 11, figs. 8, 9; leaves; Jiayin, Heilongjiang; Late Cretaceous Wuyun Formation.

Viburnum asperum Newberry, 1868

1868　Newberry, p. 54; Fort Union of Dacotah, North America; Miocene.

1885　Ward, p. 557, pl. 64, figs. 4 — 9; lesves; America; Late Cretaceous.

1898　Newberry, p. 129, pl. 33, figs. 9; leaf; Fort Union of Dacotah, North America; Tertiary Fort Union Group.

1975　Guo Shuangxing, p. 421, pl. 3, figs. 2; leaf; Zaxilin of Xigaze, Tibet; Late Cretaceous Xigaze Group.

1986a, b　Tao Junrong, Xiong Xianzheng, p. 130, pl. 6, fig. 10; leaf; Jiayin, Heilongjiang; Late Cretaceous Wuyun Formation.

1993a　Wu Xiangwu, p. 154.

Viburnum cf. *contortum* Lesquererux

1984　Zhang Zhicheng, p. 126, pl. 7, fig. 1; leaf; Jiayin, Heilongjiang; Late Cretaceous Taipinglinchang Formation.

Viburnum lakesii Lesquereux

1990　Zhang Ying and others, p. 242, pl. 3, fig. 3; leaf; Tangyuan, Heilongjiang; Late Cretaceous Furao Formation.

Viburnum speciosum Knowlton, 1917

1917　Knowlton, p. 347, pl. 61, figs. 1 — 5; leaves; Cokedale of Colorada, USA; Tertyary Raton Formation.

1978　*Cenozoic Plants from China* Writing Group, p. 154, pl. 140, fig. 4; pl. 142, figs. 1, 4, 5; pl. 143, fig. 5; pl. 144, figs. 2, 3; leaves; Fushun, Liaoning; Eocene.

1990　Zhang Ying and others, p. 242, pl. 3, figs. 1, 2; leaves; Tangyuan, Heilongjiang; Late Cretaceous Furao Formation.

Viburnum sp.

1984　*Viburnum* sp., Wang Xifu, p. 301, pl. 176, fig. 10; leaf; Wanquan, Hebei; Late Cretaceous Tujingzi Formation.

Genus *Vitiphyllum* Nathorst, 1886 (non Fontaine, 1889)

1886　Nathorst, p. 211.

1970　Andrews, p. 225.

1993a　Wu Xiangwu, p. 154.

2000　Guo Shuangxing, p. 237.

Type species: *Vitiphyllum raumanni* Nathorst, 1886

Taxonomic status: Vitaceae, Dicotyledoneae

Vitiphyllum raumanni Nathorst, 1886

1886　Nathorst, p. 211, pl. 22, fig. 2; leaf; Sakugori of Shimano, Japan; Tertiary.

1970　Andrews, p. 225.

1993a　Wu Xiangwu, p. 154.

2000　Guo Shuangxing, p. 237.

△*Vitiphyllum jilinense* Guo, 2000 (in English)

2000　Guo Shuangxing, p. 237, pl. 4, figs. 14, 16; pl. 8, figs. 4, 5. 10; leaves; Reg. No. : PB18667 — PB18671; Holotype: PB18668 (pl. 4, fig. 16); Repository: Nanjing Institute of Geology and Palaeontology, Chinese Academy of Sciences; Hunchun, Jilin; Late Cretaceous Hunchun Formation.

Genus *Vitiphyllum* Fontaine, 1889 (non Nathorst, 1886)

[Notes: This generic names *Vitiphyllum* Fontaine, 1889 is a homonym junius of *Vitiphyllum* Nathorst, 1886 (Wu Xiangwu, 1993a)]

1889　Fontaine, p. 308.

1970　Andrews, p. 225.

1987　Li Xingxue and others, p. 43.

1993a　Wu Xiangwu, p. 154.

Type species: *Vitiphyllum crassiflium* Fontaine, 1889

Taxonomic status: Vitaceae, Dicotyledoneae

Vitiphyllum crassiflium Fontaine, 1889

1889　Fontaine, p. 308, leaf; near Potomac of Virginia, USA; Early Cretaceous Potomac Group.

1970　Andrews, p. 225.

1993a　Wu Xiangwu, p. 154.

Vitiphyllum sp.

1978　*Cissites*? sp., Yang Xuelin and others, pl. 2, fig. 7; leaf; Shansong of Jiaohe Basin, Jilin; Early Cretaceous Moshilazi Formation.

1980　*Cissites* sp., Li Xingxue, Ye Meina, pl. 5, fig. 5; leaf; Shansong of Jiaohe Basin, Jilin; Early Cretaceous Moshilazi Formation.

1986　*Vitiphyllum* sp., Li Xingxue and others, p. 43, pl. 43, fig. 6; pl. 44, fig. 3; leaves; Shansong of Jiaohe Basin, Jilin; Early Cretaceous Moshilazi Formation.

1993a　*Vitiphyllum* sp., Wu Xiangwu, p. 154.

Vitiphyllum? sp.

1995a　*Vitiphyllum*? sp., Li Xingxue (editor-in-chief), text-fig. 9-2. 5; leaf; Chengzihe of Jixi, Heilongjiang; Early Cretaceous Chengzihe Formation. (in Chinese)

1995b　*Vitiphyllum*? sp., Li Xingxue (editor-in-chief), text-fig. 9-2. 5; leaf; Chengzihe of Jixi, Heilongjiang; Early Cretaceous Chengzihe Formation. (in English)

△Genus *Xingxueina* Sun et Dilcher, 1997 (1995 nom. nud.) (in Chinese and English)

1995a　Sun Ge, Dilcher D L, in Li Xingxue (editor-in-chief), p. 324. (nom. nud.)(in Chinese)

1995b　Sun Ge, Dilcher, in Li Xingxue (editor-in-chief), p. 429. (nom. nud.)(in English)

1996　Sun Ge, Dilcher D L, p. 396. (nom. nud.)(in English)

1997　Sun Ge, Dilcher D L, pp. 137, 141. (in Chinese and English)

Type species: *Xingxueina heilongjiangensis* Sun et Dilcher, 1997 (1995 nom. nud.)

Taxonomic status: Dicotyledoneae

△*Xingxueina heilongjiangensis* Sun et Dilcher, 1997 (1995 nom. nud.) (in Chinese and English)

1995a　Sun Ge Dilcher D L, in Li Xingxue (editor-in-chief), p. 324, text-fig. 9-2. 8; inflorescence and leaf; Chengzihe of Jixi, Heilongjiang, China; Early Cretaceous Chengzihe Formation. (nom. nud.)(in Chinese)

1995b　Sun Ge, Dilcher D L, in Li Xingxue (editor-in-chief), p. 429, text-fig. 9-2. 8; inflorescence and leaf; Chengzihe of Jixi, Heilongjiang; Early Cretaceous Chengzihe Formation. (nom. nud.)(in English)

1996　Sun Ge, Dilcher D L, pl. 2, figs. 1 — 6; text-fig. 1E; inflorescences and leaves; Chengzihe of Jixi, Heilongjiang; Early Cretaceous Chengzihe Formation. (nom. nud.)

1997　Sun Ge, Dilcher D L, pp. 137, 141, pl. 1, figs. 1 — 7; pl. 2, figs. 1 — 6; text-fig. 2; inflorescences and leaves; Col. No. : WR47-100; Reg. No. : SC10025, SC10026; Holotype: SC10026 (pl. 5, figs. 1B, 2; text-fig. 4G); Repository: Nanjing Institute of Geology and Palaeontology, Chinese Academy of Sciences; Chengzihe of Jixi, Heilongjiang; Early Cretaceous Chengzihe Formation. (Notes: The type specimens of the type species were not appointed in the original paper)

2000　Sun Ge and others, pl. 3, figs. 10 — 14; inflorescences and leaves; Chengzihe of Jixi,

Heilongjiang; Early Cretaceous upper part of the Chengzihe Formation.

2002　Sun Ge, Dilcher D L, p. 105, pl. 5, figs. 1A, 3 — 5; pl. 6, figs. 1 — 6; text-fig. 4G; leaves; Chengzihe of Jixi, Heilongjiang; Early Cretaceous Chengzihe Formation.

△Genus *Xingxuephyllum* Sun et Dilcher, 2002 (in English)

2002　Sun Ge, Dilcher D L, p. 103.

Type species: *Xingxuephyllum jixiense* Sun et Dilcher, 2002

Taxonomic status: Dicotyledoneae

△*Xingxuephyllum jixiense* Sun et Dilcher, 2002 (in English)

2002　Sun Ge, Dilcher D L, p. 103, pl. 5, figs. 1B, 2; text-fig. 4G; leaves; No. : SC10026; Holotype: SC10026 (pl. 5, figs. 1B, 2; fig. 4G); Chengzihe of Jixi, Heilongjiang; Early Cretaceous Chengzihe Formation. (Notes: The repository of the type specimens was not mentioned in the original paper)

△Genus *Yanjiphyllum* Zhang, 1980

1980　Zhang Zhicheng, p. 338.

1993a　Wu Xiangwu, pp. 48, 243.

1993b　Wu Xiangwu, pp. 508, 521.

Type species: *Yanjiphyllum ellipticum* Zhang, 1980

Taxonomic status: Dicotyledoneae

△*Yanjiphyllum ellipticum* Zhang, 1980

1980　Zhang Zhicheng, p. 338, pl. 192, figs. 7, 7a; leaves; Reg. No. : D631; Repository: Shenyang Institute of Geology and Mineral Resources; Dalazi of Yanji, Jilin; Early Cretaceous Dalazi Formation.

1993a　Wu Xiangwu, pp. 48, 243.

1993b　Wu Xiangwu, pp. 508, 521.

△Genus *Zhengia* Sun et Dilcher, 2002 (1996 nom. nud.) (in English)

1996　Sun Ge, Dilcher D L, pl. 1, fig. 15; pl. 2, figs. 7 — 9. (nom. nud.)

2002　Sun Ge, Dilcher D L, p. 103.

Type species: *Zhengia chinensis* Sun et Dilcher, 2002 (1996 nom. nud.)

Taxonomic status: Dicotyledonae

△*Zhengia chinensis* Sun et Dilcher, 2002 (1996 nom. nud.) (in English)

1992　*Shenkuoia caloneura* Sun et Guo, Sun Ge, Guo Shuangxing, in Sun Ge and others, p.

547,pl. 1,fig. 14;pl. 2,figs. 2 — 6. (no included pl. 1,fig. 13;pl. 2,fig. 1)(in Chinese)

1993 *Shenkuoia caloneura* Sun et Guo, Sun Ge, Guo Shuangxing, in Sun Ge and others, p. 254,pl. 1,fig. 14;pl. 2,figs. 2 — 6. (no included pl. 1,fig. 13;pl. 2,fig. 1)(in English)

1996 Sun Ge,Dilcher D L,pl. 1,fig. 15;pl. 2,figs. 7 — 9;leaves and cuticles;Chengzihe of Jixi, Heilongjiang;Early Cretaceous upper part of Chengzihe Formation. (nom. nud.)

2002 Sun Ge, Dilcher D L, p. 103, pl. 4, figs. 1 — 7; leaves and cuticles; No. : JS10004, SC01996,SC10023; Holotype: SC10023 (pl. 4, figs. 1, 3 — 6); Repository: Nanjing Institute of Geology and Palaeontology,Chinese Academy of Sciences;Chengzihe of Jixi, Heilongjiang;Early Cretaceous Chengzihe Formation.

Genus *Zizyphus* Mill.

1986a,b Tao Junrong,Xiong Xianzheng,p. 128.

1993a Wu Xiangwu,p. 160.

Type species:(living genus)

Taxonomic status:Rhamnaceae,Dicotyledoneae

△*Zizyphus liaoxijujuba* Pan,1990

1990a Pan Guang,p. 4,pl. 1,figs. 2,2a,3;fruits;No. :LSJ074A,LSJ074B,LSJ0531;Holotype: LSJ0531 (pl. 1,figs. 2,2a);Yanliao region,North China;Middle Jurassic. (in Chinese)

1990b Pan Guang, p. 67, pl. 1, figs. 2, 2a, 3; fruits; No. : LSJ074A, LSJ074B, LSJ0531; Holotype:LSJ0531 (pl. 1, figs. 2, 2a); Yanshan-Liaoning area, North China, North China;Middle Jurassic. (in English)

△*Zizyphus pseudocretacea* Tao,1986

1986a,b Tao Junrong,in Tao Junrong,Xiong Xianzheng,p. 128,pl. 10,fig. 6;leaf;No. 52161; Jiayin,Heilongjiang;Late Cretaceous Wuyun Formation.

1993a Wu Xiangwu,p. 160.

The Phyllites of Small Form

1980 Tao Junrong, Sun Xoangjun, p. 77, text-fig. 2; leaf; Lindian, Heilongjiang; Early Cretaceous Quantou Formation.

Monocotyledon

1986a,b Tao Junrong, Xiong Xianzheng, pl. 6, fig. 11; leaf; Jiayin, Heilongjiang; Late Cretaceous Wuyun Formation.

Monocotyledon Leaf

1997　Cao Zhengyao and others, p. 1765, pl. 1, figs. 3, 3a, 4; leaf-shoots; Shangyuan of Beipiao, Liaoning; Late Jurassic Jiangshangou Bed of Yixian Formation. (in Chinese)

1998　Cao Zhengyao and others, p. 232, pl. 1, figs. 3, 3a, 4i; leaf-shoots; Shangyuan of Beipiao, Liaoning; Late Jurassic Jiangshangou Bed of Yixian Formation. (in English)

Angiosperm Leaf

1995a　Angiosperm Leaf A, Li Xingxue (editor-in-chief), pl. 142, fig. 5; text-fig. 9-2. 7; leaves; Chengzihe of Jixi, Heilongjiang; Early Cretaceous Chengzihe Formation. (in Chinese)

1995b　Angiosperm Leaf A, Li Xingxue (editor-in-chief), pl. 142, fig. 5; text-fig. 9-2. 7; leaves; Chengzihe of Jixi, Heilongjiang; Early Cretaceous Chengzihe Formation. (in English)

Aquatic Angiosperm

2001　Zhang Miman (editor-in-chief), figs. 167, 168; Fanzhangzi of Lingyuan, Liaoning; Late Jurassic Yixian Formation. (in Chinese) {Notes: This specimen lately was referred *Archaefructus sinensis* Sun, Dilcher, Ji et Nixon [Zhang Miman (editor-in-chief), 2003, fig. 251]}

Reproductive organ of Angiosperm

2002　Reproductive Organ A, Sun Ge, Dilcher D L, p. 109, pl. 3, figs. 4, 5; reproductive organ; Chengzihe of Jixi Heilongjiang; Early Cretaceous Chengzihe Formation.

2002　Reproductive Organ B, Sun Ge, Dilcher D L, p. 109, pl. 3, figs. 6, 7; reproductive organ; Chengzihe of Jixi, Heilongjiang; Early Cretaceous Chengzihe Formation.

APPENDIXES

Appendix 1   Index of Generic Names

[Arranged alphabetically, generic names and the page numbers (in English part / in Chinese part),"△"indicates the generic name established based on Chinese material]

A

B

C

H

S

T

U

V

X

Y

Z

Appendix 2　Index of Specific Names

(Arranged alphabetically, generic names or specific names and the page numbers (in English part / in Chinese part), "△" indicates the generic or specific name established based on Chinese material)

A

O

P

Appendix 3　Table of Institutions that House the Type Specimens

English Name	中文名称
Daqing Oilfield Scientific Research and Design Institute (Daqing Oilfield Engineering Co. Ltd)	大庆油田科学研究设计院 （大庆油田工程有限公司）
Geological Institute of Chinese Academy of Geosciences (Institute of Geology and Geophysics, Chinese Academy of Sciences)	中国科学院地质研究所 （中国科学院地质与地球物理研究所）
Institute of Botany, the Chinese Academy of Sciences	中国科学院植物研究所
Institute of Vertebrate Paleontology and Paleoanthropology, Chinese Academy of Sciences	中国科学院古脊椎动物与古人类研究所
Nanjing Institute of Geology and Palaeontology, Chinese Academy of Sciences	中国科学院南京地质古生物研究所
Northeast China Coalfield Geology Bureau	东北煤田地质局
Regional Geological Surveying Team, Bureau of Geology and Mineral Resources of Liaoning Province (Regional Geological Surveying Team of Liaoning Province)	辽宁省地质矿产局区域调查地质队 （辽宁省区域地质调查大队）
Shenyang Institute of Geology and Mineral Resources (Shenyang Institute of Geology and Mineral Resources, China Geological Survey)	沈阳地质矿产研究所 （中国地质调查局沈阳地质调查中心）

Appendix 4　Index of Generic Names to Volumes Ⅰ—Ⅵ

(Arranged alphabetically, generic name and the Volume number / the pape number in English part / the pape number in Chinese part, "△"indicates the generic name established based on Chinese material)

A

F

G

K

L

M

Q

R

REFERENCES

Ablajiv A G, 1974. Late Cretaceous flora of eastern Sikhote-Alin and its stratigraphic implication. Novosibirsk: Acad. Sci. USSR, Far-East Geol. Inst. : 179. (in Russian)

Andrews H N, 1970. Index of generic names of fossil plants (1820-1965). US Geol. Surv. Bull. , (1300): 1-354. (in English)

Bandulska H, 1923. A preliminary paper on the cuticular structure of certain dicotyledonous and coniferous leaves from the Middle Eocene flora of Bournemouth. J. of the Linnean Soc. of London: Botany, 46: 241-270, pls. 20, 21.

Bell W A, 1949. Uppermost Cretaceous and paleocene floras of western Alberta. US Geol. Surv. Bull. , (13): 1-231, pls. 1-67.

Bell W A, 1957. Flora of the Upper Cretaceous Nanaimo Group of Vancouver Island, British Columbia. US Geol. Surv. , 293: 1-84, pl. 67.

Berry E W, 1905. The flora of the Cliffwood clays. New Jersey Geol. Surv. Ann. Rept. : 135-156, pls. 19-26.

Berry E W, 1916. The Lower Eocene flora of Southeastern North America. US Geol. Surv. Prof. Paper, 91: 1-481, pls. 1-17.

Berry E W, 1922. The flora of the Woodbine sand at Arthurs Bluff, Texas. US Geol. Surv. Prof. Paper, 129G: 153-181, pls. 36-40.

Blazer A M, 1975. Index of generic names of fossil plants (1966-1973). US Geol. Surv. Bull. , (1396): 1-54. (in English)

Bose M N, Sah S G D, 1954. On Sahnioxylon rajmahalense, a new name for Homoxylon rajmahalense Sahni, and S. andrewsii, a new species of Sahnioxylon from Amrapara in the Rajmahal Hills, Bihar. Palaeobotanist, 3: 1-8, pls. 1, 2.

Bowerbank J S, 1840. A history of the fossil fruits and seeds of the London clay. London: John Van Voorst: 1-144, pls. 17.

Brongniart A, 1822. Sur la classification et la distribution des végétaux fossiles en général, et sur ceux des terrains de sédiment supérieur en particulier. Mus. Natl. Hist. Nat. (Paris), 8: 203-348.

Brown R W, 1939. Fossil leaves, fruits, and seeds of Cercidiphyllum. J. Paleontol. , 13: 485-499.

Brown R W, 1962. Paleocene flora of the Rocky Mountains and the Great Plains. US Geol. Surv. Prof. Paper, 375: 1-119, pls. 1-69.

Cao Zhengyao (曹正尧), Wu Shunqing (吴舜卿), Zhang Ping'an (张平安), Li Jieru (李杰儒), 1997. Discovery of fossil monocotyledons from Yixian Formation, western Liaoning. Chinese Sci. Bull. , 43(3): 230-233, pls. 1, 2, figs. 1, 2. (in English)

Cao Zhengyao (曹正尧), Wu Shunqing (吴舜卿), Zhang Ping'an (张平安), Li Jieru (李杰儒), 1998. Discovery of fossil monocotyledons from Yixian Formation, western Liaoning.

Chinese Sci. Bull. 42(16):1764-1766,pls. 1,2,figs. 1,2. (in Chinese)

Capellini G, Heer O, 1866. Les Phyllites crétacées du Nebraska. Soc. Helvétique Sci. Nat. , Nouv. Mém. ,22(1):1-22,pls. 1-4.

Cenozoic plants from China Writing Group of Beijing Institute of Botany,Nanjing Institute of Geology and Palaeontology,Chinese Academy of Sciences (中国科学院北京植物研究所、南京地质古生物研究所《中国新生代植物》编写组),1978. Fossil plants of China:Cenozoic plants from China. Beijing:Science Press:1-232,pls. 1-149,text-figs. 1-86. (in Chinese)

Conwentz H, 1886. Die flora des Bernsteins:Band 2. Danzig:Wilhelm Engelmann:1-140, pls. 13.

Deane H,1902a. Notes on fossil leaves from the Tertiary deposits of Wingello and Bungonia. NSW Geol. Surv. Rec. ,7(2):59-65,pls. 15-17.

Deane H,1902b. Notes on the fossil flora of Berwick. Victoria Geol. Surv. Rec. ,1:21-32,pls. 3-7.

Deane H,1902c. Notes on the fossil flora of Pitfield and Mornington. Victoria Geol. Surv. Rec. , 1:15-20,pls. 1,2.

Deng Longhua (邓龙华),1976. A review of the "bamboo shoot" fossils at Yenzhou recorded in "Dream pool essays" with notes on Shen Kuo's contribution to the development of paleontology. Acta Palaeontologica Sinica, 15 (1): 1-6, text-figs. 1-4. (in Chinese with English summary)

Dilcher D L,Sun Ge (孙革),2005. Early evolution of angiosperms. J. Geosci. Res. NE Asia,8 (1/2):146.

Dorf E, 1942. Upper Cretaceous floras of the Rocky Mountains region: Ⅱ. Washington: Carnegie Inst. Wash. Publ. ,508:79-168,pls. 1-17.

Duan Shuying (段淑英),1997. The oldest angiosperm:a tricarpous female reproductive fossil from western Liaoning Province,Northeast China:Science in China,Series D,27(6):519-524,figs. 1-4. (in Chinese)

Duan Shuying (段淑英),1998a. The oldest angiosperm:a tricarpous female reproductive fossil from western Liaoning Province,Northeast China. Science in China:Series D,41(1):14-20,figs. 1-4. (in English)

Dusén P C H, 1899. Über die tertiäre flora der Magellansländern//Nordenskjöld O. Wissenschaftliche Ergebnisse der Schwedischen Expedition nach den Magellansländern 1895-1897. Stockholm:P. A. Norstedt & Söner:87-107,pls. 8-12.

Feng Guangping (冯广平),Liu Changjiang (刘长江),Song Shuyin (宋书银),Ma Qingwen (马清温),1999. Oxalis jiayinensis,a new species of the Late Cretaceous from Heilongjiang, Northeast China. Acta Phytotaxonomica Sinica,37(3):264-268,pl. 1. (in English with Chinese summary)

Fontaine W M,1889. The Potomac or younger Mesozoic flora. US Geol. Surv. Mon. 15:1-377, pls. 1-180.

Forbes E,1851. Note on the fossil leaves represented in Plates Ⅱ ,Ⅲ ,and Ⅳ. Quarterly Journal of the Geological Society of London,7:1-103,pls. 2-4.

Friis E M,Doyle J A,Endress P K,Leng Q (冷琴),2003. Archaefructus:angiosperm precursor or speciazed early angiosperm? Trends in Plant Science, 8 (8): 369-373, figs. 1-4. (in English)

Gardner J S,1887. On the leaf-beds and gravels of Ardtun,Carsaig,etc. Mull. Quart J. Geol. Soci. London,43:270-300,pls. 13-16.

Geng Guocang (耿国仓),Tao Junrong (陶君容),1982. Tertiary plants from Xizang//The Comprehensive Scientific Expedition to the Qinghai-Xizang Plateau (中国科学院青藏高原综合科学考察队). Palaeontology of Xizang:V. Beijing:Science Press:110-125,pls. 1-10, text-figs. 1-6. (in Chinese with English summary)

Goeppert H R,1852a. Beiträge zur tertiärflora Schlesiens. Paleontographica,2:257-285,pls. 33-38.

Goeppert H R,1852b. Fossile flora des übergangsgebirges. Nova Acta Leopoldina,22:1-199, pls. 1-44.

Goeppert H R,1854. Die tertiärflora auf der Insel Java //Elberfeld A. Martini and Grüttefien: 1-162,pls. 14.

Guo Shuangxing (郭双兴),1975. The plant fossil of the Xigaze Group from Mount Jomolangma region//Tibet Sciences Expedition Team,Academia Sinica (中央研究院西藏科学考察队). Reports of Science Expedition to Mount Qomolangma region (1966-1968): Palaeontology I. Beijing:Science Press:411-423,pls. 1-3. (in Chinese)

Guo Shuangxing (郭双兴),1979. Late Cretaceous and Early Tertiary floras from the southern Guangdong and Guangxi with their stratigraphic significance// Institute of Vertebrate Paleontology and Paleoanthropology,Nanjing Institute of Geology and Palaeontology,the Chinese Academy of Sciences (中国科学院古脊椎动物与古人类研究所、中国科学院南京地质古生物研究所). Mesozoic and Cenozoic red beds of South China. Beijing:Science Press:223-231,pls. 1-3. (in Chinese)

Guo Shuangxing (郭双兴),1984. Late Cretaceous plants from the Sunghuajiang-Liaohe Basin, Northeast China. Acta Palaeontologica Sinica,23(1):85-90,pl. 1. (in Chinese with English summary)

Guo Shuangxing (郭双兴),2000. New material of the Late Cretaceous flora from Hunchun of Jilin,Northeast China. Acta Palaeontologica Sinica,39(Supplement):226-250,pls. 1-8. (in English with Chinese summary)

Guo Shuangxing (郭双兴),Li Haomin (李浩敏),1979. Late Cretaceous flora from Hunchun of Jilin. Acta Palaeontologica Sinica,18(6):547-560,pls. 1-4. (in Chinese with English summary)

Guo Shuanxing (郭双兴),Wu Xiangwu (吴向午),2000. Ephedrites from latest Jurassic Yixian Formation in western Liaoning,Northeast China. Acta Palaeontologica Sinica,39(1):81-91,pls. 1,2. (in Chinese and English)

Harris T M,1935. The fossil flora of Scoresby Sound,east Greenland:Part 4. Medd. om Grønland,112(1):1-176,pls. 1-29.

Heer O,1859. Flora tertiaria helvetiae. Winterthur:Verlag von J. Wurster & comp. ,3:1-377, pls. 101-157.

Heer O, 1866. Über den versteinerten Wald von Atanekerdluk in Nordgrönland. Naturf. Gesell. ,11:259-280.

Heer O,1869c. Beiträge zur Kreidflora:Part 1. Soc. Helvétique Sci. Nat. ,23(2):1-24,pls. 1-11.

Heer O,1870. Die miocene flora und Fauna Spitzbergens// Flora fossilis arctica:Band 2,Heft 3. Kongl Svenska Vetenskaps-akademiens Handlingar,8(7):1-98,pls. 1-16.

Heer O, 1882. Die flora der Komeschichten and die flora der Ataneschichten. Flora Fossilis Arctica:Band 6,Teil 2:1-112,pls. 1-47.

Herman A B,Golovneva I B,1988. New genus from Late Creataceous platanoid in Northeast Russia. Bot. Jour. ,73(10):1456-1467. (in Russian)

Hisinger W,1837. Lethaea svecica seu Petrificata sveciae,iconibus et characteribus illustrata. Stockholm:Rare Books Club:1-124,pls. 1-39.

Hollick A,1895. Descriptions of new leaves from the Cretaceous (Dakota Group) of Kansas. Torrey Bot. Club Bull. ,22:225-228.

Hollick A,1936. The Tertairy Floras of Alaska. US Geol. Surv. Prof. Paper 182:1-173,pls. 1-122.

Hollick A,Martin G C,1930. The Upper Cretaceous floras of Alaska. US Geol. Surv. Prof. Paper,159:1-116,pls. 1-86.

Kimura T（木村）,Ohana T（大花）,Zhao Liming（赵立明）,Geng Baoyin（耿宝印）,1994. Pankuangia haifanggouensis gen. et sp. nov. ,a fossil plant with unknown affinity from the Middle Jurassic Haifanggou Formation, western Liaoning, Northeast China. Bulletin of Kitakyushu Museum of Natural History,1994,13:255-261,figs. 1-8. (in English)

Knowlton F H,1917. Fossil Floras of the Vermejo and Raton formation of Colorado and New Mexico. US Geol. Surv. Prof. Paper 101:223-450,pls. 1-62.

Koch B S,1963. Fossil plants from the Lower Paleocene. Med. Greenland,172(5):1-120.

Krasser F, 1896. Beiträge zur Kenntnis der fossilen Kreideflora von Kunstadt in Mähren. Beiträge Zur Paläontologie Österreich-Ungarns und des Orients, 10 (3): 113-152, pls. 11-17.

Krassilov V A,1967. Rannemelovaya flora Yuzhnogo Primor'ya i ee znachenie dlya stratigrafii (Early Cretaceous flora of the southern Maritime Territory and its significance for stratigraphy). Moscow, Akad. Nauk SSSR, Sibrskoe Otdel. Dal'nevostoehnyy Geol. Inst. : 1-262,figs. 38,pls. 93.

Krassilov V A,1973a. Cuticular structures of Cretaceous angiosperms from the Far East of the USSR. Palaeontographica, Abt. B,142 (4/5/6):105-116,pls. 18-26.

Krassilov V A,1976. Tsagaianskaia flora Amnuskoi oblasti. Moscow:Izd. Nauka,1-92.

Krassilov V A,1982. Early Cretaceous flora of Mongolia. Palaeontographica Abt. B,181:1-43, pls. 1-20.

Krassilov V A,Bugdaeva E V,1982. Achene-like fossils from the Lower Cretaceous of the Lake Baikal area. Review of Palaeobotany and Palynology,36(1982):279-295,pls. 1-8.

Kryshtofovich A N,1953a. Some puzzling Cretaceous plants and their phylogenetic significance. Paleont. i Strat. Vses. Nauchno-Issled,Geol. :17-30,pls. 4.

Leng Q.（冷琴）,Friis E M. 2003. Sinocarpus decussatus gen. et sp. nov. ,a new angiosperm with basally syncarpous fruits from the Yixian Formation of Northeast China. Plant Systematics and Evolution,241(1/2):77-88,figs. 1-3. (in English)

Lesquereux L, 1868. On some Cretaceous fossil plants from Nebraska. Am. Jour. Sci. , 2nd Ser. ,46:91-105.

Lesquereux L,1874. Contributions to the fossil flora of the Western Territories: Part 1. US Geol. and Geog. Surv. Terr. Ann. Rept. ,6:1-136,pls. 1-31.

Lesquereux L,1876a. Paleontology. US Geol. and Geog. Surv. Terr. 8th Ann. Rept. :271-366, pls. 1-8.

Lesquereux L,1876b. New secies of fossil plants from the Cretaceous formation of the Dakota Group. U S. Geol. and Geog. Surv. Terr. Bull. ,1(5):391-400.

Lesquereux L,1876c. Species of fossil marine plants from the Carboniferous measures. Indiana Geol. Surv. Terr. 7th Ann. Rept. :134-145,pls. 1,2.

Lesquereux L,1878. On the Cordites and their related generic divisions in the Carboniferous formation of the United States. Proc. Amer. Phil. Soc. ,17:315-355.

Lesquereux L,1878a. Contributions to the fossil flora of the western Territories: Part 2. US Geol. Surv. Terr. Rept. ,7:1-366,pls. 1-65.

Lesquereux L,1892. The flora of the Dakota Group. US Geol. Surv. Mon. ,17:1-256,pls. 1-66.

Li Jieru (李杰儒),1983. Middle Jurassic flora from Houfulongshan region of Jingxi,Liaoning. Bulletin of Geological Society of Liaoning Province,China,(1):15-29,pls. 1-4. (in Chinese with English summary)

Li Xingxue (李星学),1959. Trapa? microphylla Lesquereux,the first occurrence from the upper Cretaceous formation of China. Acta Palaeontologica Sinica,7(1):1-31,pls. 1-8, text-figs. 1-3. (in Chinese and English)

Li Xingxue (李星学),1995a. Fossil floras of China through the geological ages. Guangzhou: Guangdong Science and Technology Press:1-542,pls. 1-144. (in Chinese)

Li Xingxue (李星学),1995b. Fossil floras of China through the geological ages. Guangzhou: Guangdong Science and Technology Press:1-695,pls. 1-144. (in English)

Li Xingxue (李星学),Ye Meina (叶美娜),1980. Middle-Late Early Cretaceous flora from Jilin,Northeast China. Paper for the First Conf. IOP London & Reading. Nanjing Inst. Palaeont. Acad. Nanjing:1-13.

Li Xingxue (李星学),Ye Meina (叶美娜),Zhou Zhiyan (周志炎),1986. Late Early Cretaceous flora from Shansong,Jiaohe,Jilin Province,Northeast China. Palaeontologia Cathayana,3: 1-53,pls. 1-45,text-figs. 1-12. (in Chinese)

Li Xingxue (李星学),Ye Meina (叶美娜),Zhou Zhiyan (周志炎),1987. Late Early Cretaceous flora from Shansong,Jiaohe,Jilin Province,Northeast China. Palaeontologia Cathayana,3: 1-53,pls. 1-45,text-figs. 1-12. (in English)

Liu Yusheng (刘裕生),1997. Fruits,seeds and angiospermous leaves from the Ping Chau Formation,Hongkong//Li Zuoming (李作明),Chen Jinhua (陈金华),He Guoxiong (何国雄). Stratigraphy and palaeontology of Hongkong: II. Beijing: Science Press:66-81,pls. 1-5. (in Chinese)

Liu Yusheng (刘裕生),Guo Shuangxing (郭双兴),Ferguson D K,1996. A catalogue of Cenozoic megafossil plants in China. Palaeontographica,B,238:141-179. (in English)

Miki S,1964. Mesozoic flora of Lycoptera Bed in South Manchuria. Bulletin of the Mukogawa Women's University,(12):13-22. (in Japanese with English summary)

Miquel F A W,1853. De fossiele Planten van het Krijt in het Hertogdom. Geol. Kaart Nederlandsche Verh. :35-56(1-24),pls. 1-7.

Nathorst A G,1886a. Über die Benennung fossiler Dikotylenblätter. Botanisches Centralblatt, 25:52-55.

Nathorst A G,1886b. Nouvelles observations sur des traces d'animaux et autres phénomènes d'origine purement mécanique décrits comme "algues fossils". Kongl Svenska Vetenskaps-Akademiens Handlingar,21(14):1-58,pls. 1-5.

Nathorst A G. 1886c. Om floran Skaees Kolfaerande Bildningar. Sveriges Genol. Undersoekning,Ser. C,(85):85-131,pls. 19-26.

Newberry J S,1865. Description of fossil plants from the Chinese coal-bearing rocks//Pumpelly Y R. Geological researches in China,Mongolia and Japan during the years 1862-1865. Smithsonian Contributions to Knowledge (Washington),15(202):119-123,pl. 9.

Newberry J S,1868. Note on the later extinct floras of North America,with descriptions of some new species of fossil plants from the Cretaceous and Tertiary. Annals of the New York Academy of Sciences,9(1):1 - 76.

Newberry J S,1895. The flora of the Amboy clays. US Geol. Surv. Mon. ,26:1-260,pls. 1-58.

Newberry J S,1898. The later extinct floras of North America. US Geol. Surv. Mon. ,35:1-151,pls. 1-68.

Nikitin P A,1965. Aquitanian seed flora of Lagernyi Sad (Tomsk). Tomsk :Tomsk Univ. Publishing House,1:119,pls. 23 .

Oishi S,1950. Illustrated catalogue of East-Asiatic fossil plants. Kyoto:Chigaku-Shiseisha:1-235. (in Japanese)

Palaeozoic plants from China Writing Group of Nanjing Institute of Geology and Palaeontology, Institute of Botany,Chinese Academy of Sciences (Gu et Zhi)(中国科学院南京地质古生物研究所、植物研究所《中国古生代植物》编写小组),1974. Palaeozoic plants from China. Beijing:Science Press:1-226,pls. 1-130,text-figs. 1-142. (in Chinese)

Pan Guang (潘广),1983. Notes on the Jurassic precursors of angiosperms from Yanshan-Liaoning region of North China and the origin of angiosperms. A Monthly Journal of Science (Kexue Tongbao),28(24):1520. (in Chinese)

Pan Guang (潘广),1984. Notes on the Jurassic precursors of angiosperms from Yanshan-Liaoning region of North China and the origin of angiosperms. A Monthly Journal of Science (Kexue Tongbao),29(7):958-959. (in English)

Pan Guang (潘广),1990a. Rhamnaceous plants from Middle Jurassic of Yanshan-Liaoning region,North China. Bulletin of the Geological Society of China,(2):1-9,pl. 1,fig. 1. (in Chinese with English summary)

Pan Guang (潘广),1990b. Rhamnaceous plants from Middle Jurassic of Yanshan-Liaoning region,North China. Acta Scientiarum Naturalium Universitatis Sunyatseni,29(4):61-72, pl. 1,fig. 1. (in Chinese with English summary)

Pan Guang (潘广),1996. A new species of Pterocarya (Juglandaceae) from Middle Jurassic of Yanliao region,North China. Rheedea,6(1):141-151,figs. 1-3.

Pan Guang (潘广),1997. Juglandaceous plant (Pterocarya) from Middle Jurassic of Yanshan-Liaoning region,North China. Acta Scientiarum Naturalium Universitatis Sunyatseni,36 (3):82-86,fig. 1. (in Chinese with English summary)

Reid E M,Chandler M E J,1926. The Bembridge Flora// British Museum (Natural History).

Dept. of Geology. Catalogue of Cainozoic plants in the Department of Geology British Museum Natural History. London :British Museum:1-206,pls. 11.

Romanova E V,1960. A new angiospermous genus from the Upper Cretaceous of the Zaisan depression. Akad. Nauk Kazakh. SSR Vestnik,8:105-107,text fig. 2.

Sahni B,1932. Homoxylon rajmahalense,gen. et sp. nov. ,a fossil angiospermous wood,devoid of vessels,from the Rajmahal Hills,Behar. India Geol. Surv. Mem. 2,Paleontologia Indica, New Ser. ,20:1-19,pls. 1,2.

Samylina V A,1960. The angiosperms from the Lower Cretaceous of the Kolyma Basin. Bot. Zhur. SSSR,45:335-352,pl . 4.

Saporta G,1865. Etudes sur la vegetation du sud-est de la France a l'epoque tertiaire. Annales Sci. Nat. ,Botanique,5th Ser. ,4:5-264,pls. 1-13.

Saporta G,1894. Flore fossile du Portugal. Lisbon,Acad. Royale des Sci. ,1-288,pl. 39.

Schimper W P,1869-1874. Traité de paléontologie végétale,ou,La flore du monde primitive. Paris:J. B. Baillieere et fils,1:1-74 ,pls. 1-56(1869); 2:1-522,pls. 57-84 (1870); 523-698,pls. 85-94 (1872); 3:1-896,pls. 95-110 (1874).

Sternberg G K,1820-1838. Versuch einer geognostischen botanischen Darstellung der Flora der Vorwelt. Leipsic and Prague,1(1):1-24(1820);1(2):1-33(1822); 1(3):1-39(1823); 1(4):1-24(1825); 2(5/6):1-80(1833);2(7/8):81-220(1838).

Sun Ge (孙革),Dilcher D L,1996. Early angiosperms from Lower Cretaceous of Jixi,China and their significance for study of the earliest occurrence of angiosperms in the world. Palaeobotanist,45:393-399,pls. 1,2; text-figs. 1,2. (in English)

Sun Ge (孙革),Dilcher D L,1997. Discovery of the oldest known angiosperm inflorescences in the world from Lower Cretaceous of Jixi,China. Acta Palaeontologica Sinica,36(2):135-142,pls. 1,2,text-figs. 1,2. (in Chinese and with English summary)

Sun Ge (孙革),Dilcher D L,2002. Early angiosperms from the Lower Cretacous of Jixi,eastern Heilongjiang,China. Review of Palaeobotany and Palynology,121(2):91-112, pls. 1-6; figs. 1-4. (in English)

Sun Ge (孙革),Dilcher D L,Zheng Shaolin (郑少林),Zhou Zhekun (周浙昆),1998// Search of the first flower:a Jurassic angiosperm,Archaefructus,from Northeast China. Science, 282(5394):1692-1695,figs. 1,2. (in English)

Sun Ge (孙革),Guo Shuangxing (郭双兴),Zheng Shaolin (郑少林),Piao Taiyuan (朴泰元), Sun Xuekun (孙学坤),1992. First discovery of the earliest angiospermous megafossils in the world. Science in China,Series B,35(5):543-548,pls. 1,2. (in Chinese)

Sun Ge (孙革),Guo Shuangxing (郭双兴),Zheng Shaolin (郑少林),Piao Taiyuan (朴泰元), Sun Xuekun (孙学坤),1993. First discovery of the earliest angiospermous megafossils in the world. Science in China,Series B,36(2):249-256,pls. 1,2. (in English)

Sun Ge (孙革),Ji Qiang (季强),Dilcher D L,Zheng Shaolin (郑少林),Nixon K C,Wang Xinfu (王鑫甫),2002. Archaefructaceae,aNew Basal Angiosperm Family. Science,296:899-904, figs. 1-3. (in English)

Sun Ge (孙革),Zheng Shaolin (郑少林), Dilcher D L,Wang Yongdong (王永栋),Mei Shengwu (梅盛吴),2001. Early angiosperms and their associated plants from western Liaoning,China. Shanghai:Shanghai Scientific and Technological Education Publishing

House:227,pl. 75. (in Chinese and English)

Sun Ge (孙革), Zheng Shaolin (郑少林), Sun Chunlin (孙春林), Sun Yuewu (孙跃武), Dilcher D L, Miao YuYan (苗雨雁), 2002. Androecium of Archaefructus, the Late Jurassic angiosperms from western Liaoning, China. J. Geosci. Res. NE Asia, 5(1):1-6.

Sun Ge (孙革), Zheng Shaolin (郑少林), Wang Xinfu (王鑫甫), Mei Shengwu (梅盛吴), Liu Yusheng (刘裕生), 2000. Subdivision of developmental stages of early angiosperms from Northeast China. Acta Palaeontologica Sinica, 39(Supplement):186-199, pls. 1-4, text-figs. 1,2. (in English with Chinese summary)

Sze H C (斯行健), Li Xingxue (李星学), et al, 1963. Fossil plants of China:2 Mesozoic plants from China. Beijing:Science Press:1-429, pls. 1-118, text-figs. 1-71. (in Chinese)

Tanai T, 1979. Late Cretaceous floras from the Kuji district, Northeastern Honshu, Japan. Journal of the Faculty of Science Hokkaido University, Series IV, 19(1/2):75-136, pls. 1-14.

Tao Junrong (陶君容), Sun Xiangjun (孙湘君), 1980. The Cretaceous floras of Lindian Xian, Heilongjiang Province. Acta Botanica Sinica, 22(1):75-79, pls. 1, 2. (in Chinese with English summary)

Tao Junrong (陶君容), Xiong Xianzheng (熊宪政), 1986. The latest Cretaceous flora of Heilongjiang Province and the floristic relationship between East Asia and North America. Acta Phytotaxonomica Sinica, 24(1):1-15, pls. 1-16, fig. 1; 24(2):121-135. (in Chinese with English summary)

Tao Junrong (陶君容), Zhang Chuanbo (张川波), 1990. Early Cretaceous angiosperms of the Yanji Basin, Jilin Province. Acta Botanica Sinica, 32(3):220-229, pls. 1, 2, fig. 1. (in Chinese with English summary)

Tao Junrong (陶君容), Zhang Chuanbo (张川波), 1992. Two angiosperm reproductive organs from the Early Cretaceous of China. Acta Phytotaxonomica Sinica, 30(5):423-426, pl. 1. (in Chinese with English summary)

Terada K, Sun Ge (孙革), Nishida H, 2005. 3D models of two species of Archaefructus, one of the earliest angiosperms, reconstructed taking acount of their ecological strategies. Mem. Fukui Pref. Din. Mus. ,4:35-44.

Vachrameev V A, 1952. Cretaceous stratigraphy and flora from western Khazakstan//Regional Stratigraphy. USSR:Academic Press:1-340.

Vackrameev V A, 1980a. The Mesozoic higher spolophytes of USSR. Moscow:Science Press:1-230. (in Russian)

Vackrameev V A, 1980b. The Mesozoic Gymnosperms of USSR. Moscow:Science Press:1-124. (in Russian)

Velenovsky J, 1882b-1885. Die Flora der böhmischen Kreideformation (Ⅰ-Ⅳ):Beiträge zur Paläontologie und Geologie Österreich-Ungarns und des Orients, 2(2):8-32, pls. 3-8 (1882b); 3(1):1-22, pls. 1-7 (1883); 4(1):1-14, pls. 1-8(1884); 5(1):1-14, pls. 1-8 (1885).

Velenovsky J, 1885a. Die Gymnospermen der böhmischen Kreideformation. Prague:Selbstverlag bei E. Grégr :1-34, pls. 13.

Viviani V, 1833. Sur les testes de plantes fossiles trouvés dans les gypses tertiaires de la

Stradella. Paris: Soc. Geol. France Mem. ,1:129-134,pls. 9,10.

Wang Xifu (王喜富),1984. A supplement of Mesozoic plants from Hebei//Tianjin Institute of Geology and Mineral Rescurces. Palaeontological atlas of North China: II Mesozoic. Beijing:Geology Publishing House:297-302,pls. 174-178. (in Chinese)

Wang Ziqiang (王自强),1984. Plant kingdom//Tianjin Institute of Geology and Mineral Resources. Palaeontological atlas of North China: II Mesozoic. Beijing:Geolgy Publishing House:223-296,367-384,pls. 108-174. (in Chinese with English title)

Ward L F. 1886. Synopsis of the flora of the Laramie Group. US Geol. Surv. , Ann. Rept. ,6: 355-667,pls. 65.

Watt A D,1982. Index of generic names of fossil plants(1974-1978). US Geol. Surv. Bull. (1517):1-63.

Wu Shunqing (吴舜卿),1999a. A preliminary study of the Jehol flora from western Liaoning. Palaeoworld,11:7-57,pls. 1-20. (in Chinese with English)

Wu Shunqing (吴舜卿),1999b. A preliminary study of the Jehol flora from western Liaoning. Palaeoworld,11:7-57,pls. 1-20. (in Chinese with English summary)

Wu Xiangwu (吴向午),1993a. Record of generic names of Mesozoic megafossil plants from China (1865-1990). Nanjing:Nanjing University Press:1-250. (in Chinese with English summary)

Wu Xiangwu (吴向午),1993b. Index of generic names founded on Mesozoic-Cenozoic specimens from China in 1865-1990. Acta Palaeontologica Sinica,32(4):495-524. (in Chinese with English summary)

Wu Xiangwu (吴向午),2006. Record of Mesozoic-Cenozoic megafossil plant generic names founded on Chinese specimens(1991-2000). Acta Palaeontologica Sinica,45(1):114-140. (in Chinese and English)

Yabe H,1905. Mesozoic plants from Korea. Journal of the College of Science,Imperial University of Tokyo,20(8):1-59.

Yabe H,Endo S,1935. Potamogeton remains from the Lower Cretaceous? Lycoptera beds of Jehol. Proceedings of Imperial Academy,11(7):274-276,pl. 1

Yang Xuelin (杨学林),Li Baoxian (厉宝贤),Li Wenben (黎文本),Zhou Zhiyan (周志炎), Wen Shixuan (文世宣),Chen Peichi (陈丕基),Ye Meina (叶美娜),1978. Younger Mesozoic continental strata of the Jiaohe Basin,Jilin. Acta Stratigraphica Sinica,2(2):131-145,pls. 1-3,text-figs. 1-3. (in Chinese)

Zenker J C,1833a. Beiträge zur naturgeschichte der urwelt. Jena:Forgotten Books:67,pls. 6.

Zenker J C. 1833b. Folliculites kollennordhemensis,eine neue fossile Fruchtrat. Neues Jahrb: 177-179.

Zhang Guangfu (张光富),2005. Discussion on the geology age of the Dalazi Formation in Jilin Province,China. Journal of Stratigraphy,29(4):381-386,pls. 1,2. (in Chinese with English summary)

Zhang Miman (张弥曼),2001. The Jehol Biota. Shanghai:Shanghai Scientific and Technological Education Publishing House Press:1-150,figs. 1-168. (in Chinese)

Zhang Miman (张弥曼),2003. The Jehol Biota. Shanghai:Shanghai Scientific and Technological Education Publishing House Press:1-150,figs. 1-168. (in English)

Zhang Wu（张武）, Zhang Zhicheng（张志诚）, Zheng Shaolin（郑少林）, 1980. Phyllum Pteridophyta, subphyllum Gymnospermae//Shenyang Institute of Geology and Mineral Resources（沈阳地质矿产研究所）. Paleontological atlas of Northeast China：Ⅱ. Beijing：Geology Publishing House：222-308, pls. 112-191, text-figs. 156-206. （in Chinese with English title）

Zhang Wu（张武）, Zheng Shaolin（郑少林）, 1987. Early Mesozoic fossil plants in western Liaoning, Northeast China//Yu Xihan, et al. Mesozoic stratigraphy and palaeontology of western Liaoning：Beijing：Geology Publishing House：239-338, pls. 1-30, figs. 1-42. （in Chinese with English summary）

Zhang Ying（张莹）, Zhai Peimin（翟培民）, Zheng Shaolin（郑少林）, Zhang Wu（张武）, 1990. Late Cretaceous-Paleogene plants from Tangyuan, Heilongjiang. Acta Palaeontologica Sinica, 29（2）：237-245, pls. 1-3, text-figs. 1-4. （in Chinese with English summary）

Zhang Zhicheng（张志诚）, 1976. Plant kingdom//Bureau of Geology of Inner Mongolia Autonomous Region, Northeast Institute of Geological Sciences（内蒙古自治区地质局、东北地质科学研究所）. Paleotologica atlas of North China, Inner Mongolia：Ⅱ. Beijing：Geological Publishing House：179-204. （in Chinese）

Zhang Zhicheng（张志诚）, 1980. Subphyllum Angiospermae// Shenyang Institute of Geology and Mineral Resources（沈阳地质矿产研究所）. Paleontological atlas of Northeast China：Ⅱ. Beijing：Geological Publishing House：308-342, pls. 192-210, text-figs. 208-211. （in Chinese with English title）

Zhang Zhicheng（张志诚）, 1981. Several Cretaceous angiospermous from Mudanjiang Basin, Heilongjiang. Bulletin of the Chinese Academy of Geological Sciences：Series Ⅴ, 2（1）：154-160, pls. 1, 2. （in Chinese with English summary）

Zhang Zhicheng（张志诚）, 1984. The Upper Cretaceous fossil plant from Jiayin region, northern Heilongjiang. Prof. Papers of Stratigraphy and Palaeontology, 11：111-132, pls. 1-8, figs. 1, 2. （in Chinese with English summary）

Zhang Zhicheng（张志诚）, 1987. Fossil plants from the Fuxin Formation in Fuxin district, Liaoning Province//Yu Xihan et al. Mesozoic stratigraphy and palaeontology of western Liaoning：3. Beijing：Geology Publishing House：369-386, pls. 1-7. （in Chinese with English summary）

Zheng Shaolin（郑少林）, Li Yong（李勇）, Wang Yongdong（王永栋）, Zhang Wu（张武）, Yang Xiaoju（杨小菊）, Li Nan（李楠）, 2005. Jurassic fossl wood of Sahnioxylon from wester Liaoning, China and special references to its systematic affinity. Global Geology, 24（3）：209-216, pls. 1, 2.

Zheng Shaolin（郑少林）, Zhang Lijun（张立军）, Gong Enpu（巩恩普）, 2003. A Discovery of Anomozamites with Reproductive Organs. Acta Botanica Sinica, 46（11）：667-672. （in English with Chinese summary）

Zheng Shaolin（郑少林）, Zhang Ying（张莹）, 1994. Cretaceous plants from Songliao Basin, Northeast China. Acta Palaeontologica Sinica, 33（6）：756-764, pls. 1-4. （in Chinese with English summary）

Zhou Zhiyan（周志炎）, Li Haomin（李浩敏）, Cao Zhengyao（曹正尧）, Nau P S, 1990. Some Cretaceous plants from Pingzhou（Ping Chau）Island, Hongkong. Acta Palaeontologica

Sinica, 29(4):415-426, pls. 1-4, text-fig. 1. (in Chinese with English summary)

Zhou Zhiyan (周志炎), Wu Xiangwu (吴向午), 2002. Chinese Bibliography of Palaeobotany (Megafossils) (1865-2000). Hefei: University of Science and Technology China Press: 1-231 (in Chinese), 1-307 (in English).